国家级职业教育规划教材
人力资源和社会保障部职业能力建设司推荐
全国中等职业技术学校印刷专业教材

印刷机结构和调节

（第二版）

人力资源和社会保障部教材办公室组织编写

袁顺发　主　编
黄　江　主　审

中国劳动社会保障出版社

图书在版编目（CIP）数据

印刷机结构和调节/袁顺发主编. —2 版. —北京：中国劳动社会保障出版社，2014
全国中等职业技术学校印刷专业教材
ISBN 978-7-5167-1487-4

Ⅰ.①印…　Ⅱ.①袁…　Ⅲ.①印刷机-中等专业学校-教材　Ⅳ.①TS803

中国版本图书馆 CIP 数据核字(2014)第 271186 号

中国劳动社会保障出版社出版发行

（北京市惠新东街 1 号　邮政编码：100029）

*

北京玥实印刷有限公司印刷装订　　新华书店经销

787 毫米×1092 毫米　16 开本　10.25 印张　235 千字

2014 年 11 月第 2 版　　2021 年 1 月第 2次印刷

定价：19.00 元

读者服务部电话：(010) 64929211/84209101/64921644

营销中心电话：(010) 64962347

出版社网址：http://www.class.com.cn

http://zyjy.class.com.cn

简 介

JIANJIE

本教材为全国中等职业技术学校印刷专业国家级规划教材，由人力资源和社会保障部教材办公室组织编写。教材共分七章，对单张纸平版印刷机的输纸装置、定位与递纸装置、压印装置、润湿与输墨装置，以及收纸装置等各组成机构的工作原理和调节方法做了较全面的介绍，同时对国产卷筒纸平版印刷机的输纸部分、印刷部分和收纸系统进行了详细介绍。

本教材内容详尽、新颖、全面，且具有较高的实用性、针对性和先进性，编写过程中，知识点的介绍尽量多用插图，并配以精练的文字说明，便于学生理解。教材每章后设置了“思考练习题”，供学生练习使用，进一步巩固所学内容。教材配有电子课件，可登录 www.class.com.cn 在相应的书目下载。

本教材由袁顺发任主编，皮智芬、卢义员、于帆帆参加编写，黄江审稿。其中，第一、第二、第三、第七章由袁顺发编写，第四章由皮智芬编写，第五章由卢义员编写，第六章由于帆帆编写。

目 录

MULU

第一章　印刷机基本知识

学习目标

熟悉印刷机的分类和国内外印刷机的命名标准，熟悉印刷机的组成及各组成部分的作用，了解国内外主要印刷机生产商生产的主要印刷机机型；能根据印刷机的铭牌识别其机型、性能、规格，能分析具体印刷机的基本组成。

第一节　印刷机的分类与命名

一、印刷机的分类

1. 按印版特性分类

按印版特性不同，可将印刷机分为凸版印刷机、平版印刷机、凹版印刷机和孔版印刷机等。

2. 按纸张类型分类

按纸张类型不同，可将印刷机分为单张纸印刷机和卷筒纸印刷机，分别如图 1—1 和图 1—2 所示。

图 1—1　单张纸印刷机

图 1—2　卷筒纸印刷机

3. 按印刷纸张开幅分类

按印刷纸张开幅不同，单张纸印刷机可分为全张印刷机、对开印刷机、四开印刷机和小型印刷机；卷筒纸印刷机可分为 1 575 mm、1 230 mm、880 mm 和 787 mm 等纸幅宽度的印刷机。

4. 按印刷色数分类

按印刷色数不同，可将印刷机分为单色印刷机、双色印刷机、四色印刷机和多色印刷机，分别如图 1—3、图 1—4、图 1—5 和图 1—6 所示。

图 1—3　单色印刷机

图 1—4　双色印刷机

图 1—5　四色印刷机

图 1—6　多色印刷机

5. 按印刷速度分类

按印刷速度不同，可将印刷机分为低速印刷机（$v \leqslant 8\ 000$ r/h）、中速印刷机（8 000 r/h$< v <$12 000 r/h）和高速印刷机（$v \geqslant 12\ 000$ r/h）。

6. 按滚筒排列方式分类

按滚筒排列方式不同，可将印刷机分为机组式印刷机、半卫星型和卫星型印刷机及 B—B 型印刷机，分别如图 1—7、图 1—8 和图 1—9 所示。

二、国产印刷机的命名

印刷机的型号要求能表达机器的类型、结构特点、纸张规格、印刷色数等特性。由于平版印刷在整个印刷市场中所占的份额在 70%左右，是其他印刷方式无法比拟的，所以本书对印刷机的介绍以平版印刷机为主。我国印刷机型号的编制方法先后颁布了三次标准。

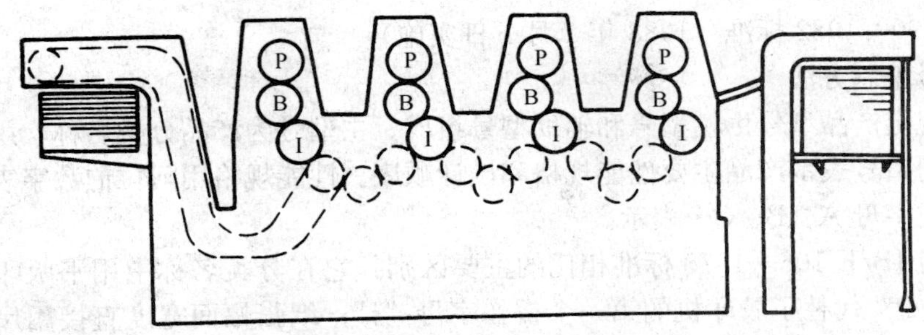

图 1—7 机组式印刷机

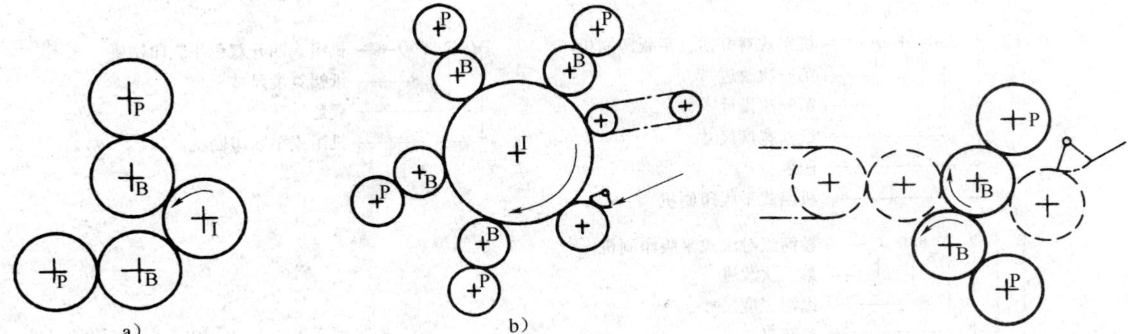

图 1—8 半卫星型和卫星型印刷机

a）半卫星型 b）卫星型

图 1—9 B—B 型双面印刷机

1. JB/E 106—1973 标准（1973 年 7 月 1 日实施）

（1）型号编制方法

该标准规定机器型号由基本型号和辅助型号组成，虽然颁布时间较早，但目前仍广泛使用。基本型号表示产品分类名称，用关键字汉语拼音的第一个字母表示，如“J”表示胶印机，“T”表示凸版印刷机，“A”表示凹版印刷机，“K”表示孔版印刷机；也可用两个字母组合对产品类型进行细分，如“JJ”表示卷筒纸胶印机，“JS”表示双面胶印机。辅助型号表示产品的主要规格（如纸张开幅、印刷色数等）和设计序号，用阿拉伯数字表示。

（2）产品型号示例

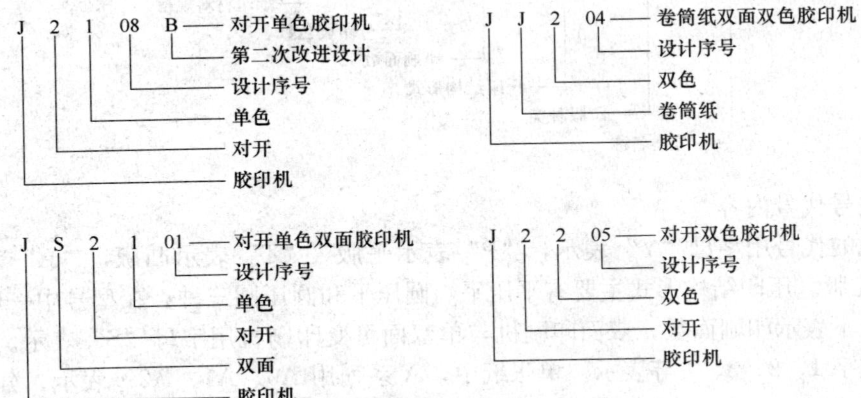

2. JB 3090—1982 标准（1983 年 1 月 1 日实施）

（1）型号编制方法

该标准规定产品型号由主型号和辅助型号组成。主型号为产品分类名称，用汉语拼音字母表示；辅助型号表示产品主要性能规格和设计顺序。性能规格用阿拉伯数字表示，改进设计顺序用英文字母 A、B、C…表示。

该标准与 JB/E 106—1973 标准相比的主要区别：它在分类名称中用平版印刷机的第一个拼音字母“P”代替了胶印机的第一个拼音字母“J”；纸张幅面宽度直接用尺寸数字表达（如 1 230、880、615 等），而不用开数表达。

（2）产品型号示例

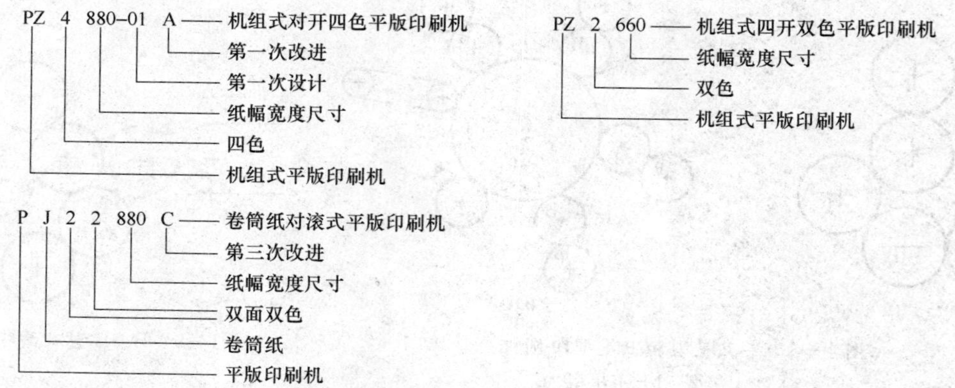

3. ZBJ 87007.1—1988 标准（1989 年 1 月 1 日实施）

（1）型号编制方法

该标准规定产品型号由主型号和辅助型号组成。主型号表示产品的分类名称、印版种类、压印结构形式、印刷面数等，用大写汉语拼音字母表示；辅助型号表示产品主要性能规格和设计顺序，用阿拉伯数字或英文字母表示。格式如下：

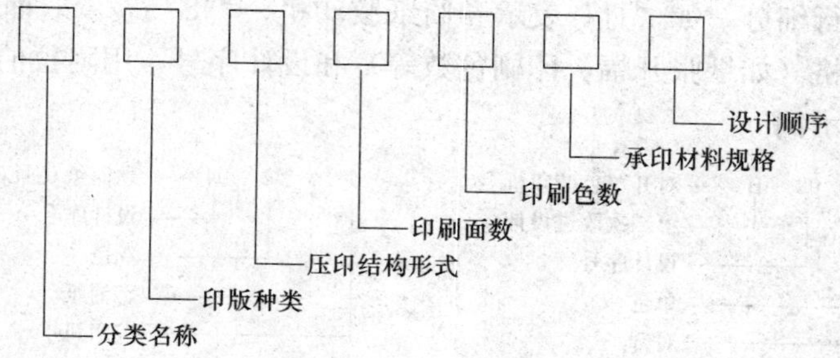

（2）型号代号内容

印刷机的代号用字母“Y”表示，“P”表示平版，“T”表示凸版，“A”表示凹版，“K”表示孔版。压印结构形式主要有平压平、圆压平和圆压圆三种，在型号中一般不出现。单面印刷机不表示印刷面数，双面印刷机与单双面可变印刷机用字母“S”表示。印刷色数用阿拉伯数字 1、2、3、4 等表示。单张纸中，A 系列用 A0、A1、A2…表示，分别对应 A

系列全张、对开、四开……B 系列用 B0、B1、B2…表示，分别对应 B 系列全张、对开、四开……卷筒纸直接用纸卷宽度尺寸表示，如 1 575 mm、1 230 mm、880 mm、787 mm 等。改进顺序按产品开发的先后顺序依次用英文字母 A、B、C…表示。

（3）产品型号示例

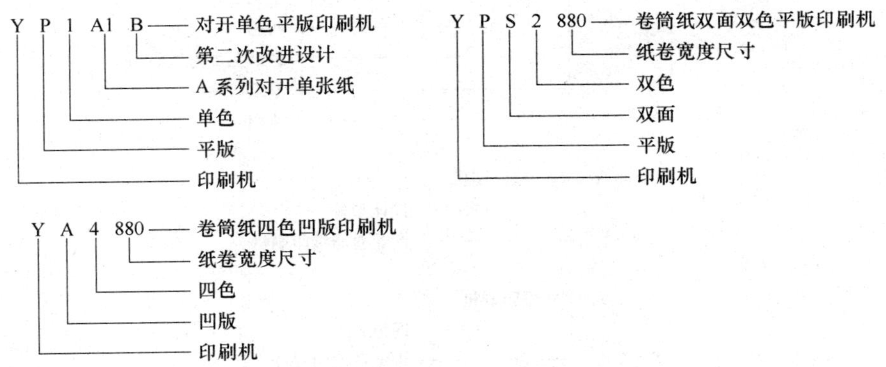

三、国外印刷机的命名

一般来说，进口印刷机的命名方法主要依据的是设备生产商所在国家的标准，每个国家都不一样，但是总的来说大多数进口设备都是按照“厂商＋系列＋幅面”的形式进行编号命名的，另外会加上一些其他技术参数，如色数和描述上光单元的参数等。

1. 德国海德堡公司印刷机的命名方法

海德堡公司的印刷机主要分为 GTO 系列、SM 系列、CD 系列和 XL 系列等，如 Heidelberg SM 74、Heidelberg CD 102 和 Heidelberg XL 105 等。

2. 德国罗兰公司印刷机的命名方法

罗兰公司印刷机的命名方法主要是厂商＋系列号，如 Roland 200、Roland 500、Roland 700 和 Roland 900 等。

3. 德国高宝公司印刷机的命名方法

高宝公司印刷机的命名方法主要是厂商＋系列＋幅面，与海德堡公司的类似，如 KBA Rapida 105、KBA Rapida 74 和 KBA Rapida 142 等。

4. 日本小森公司印刷机的命名方法

日本小森公司印刷机的命名方法也是厂商＋系列＋幅面，但它描述幅面的参数使用的是英制单位。如 Komori Lithrone S40 和 Komori Lithrone S42 等。

国外主要生产商生产的印刷机产品型号示例如下：

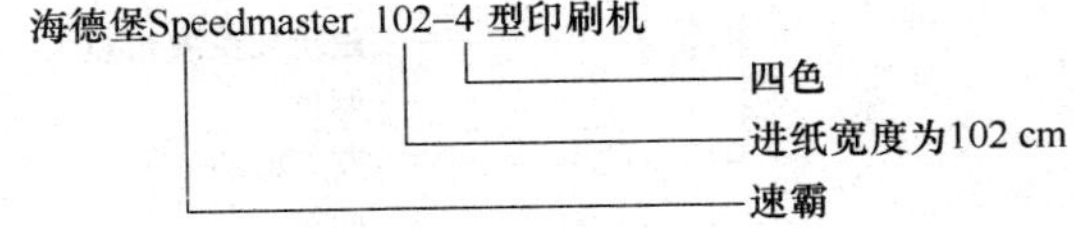

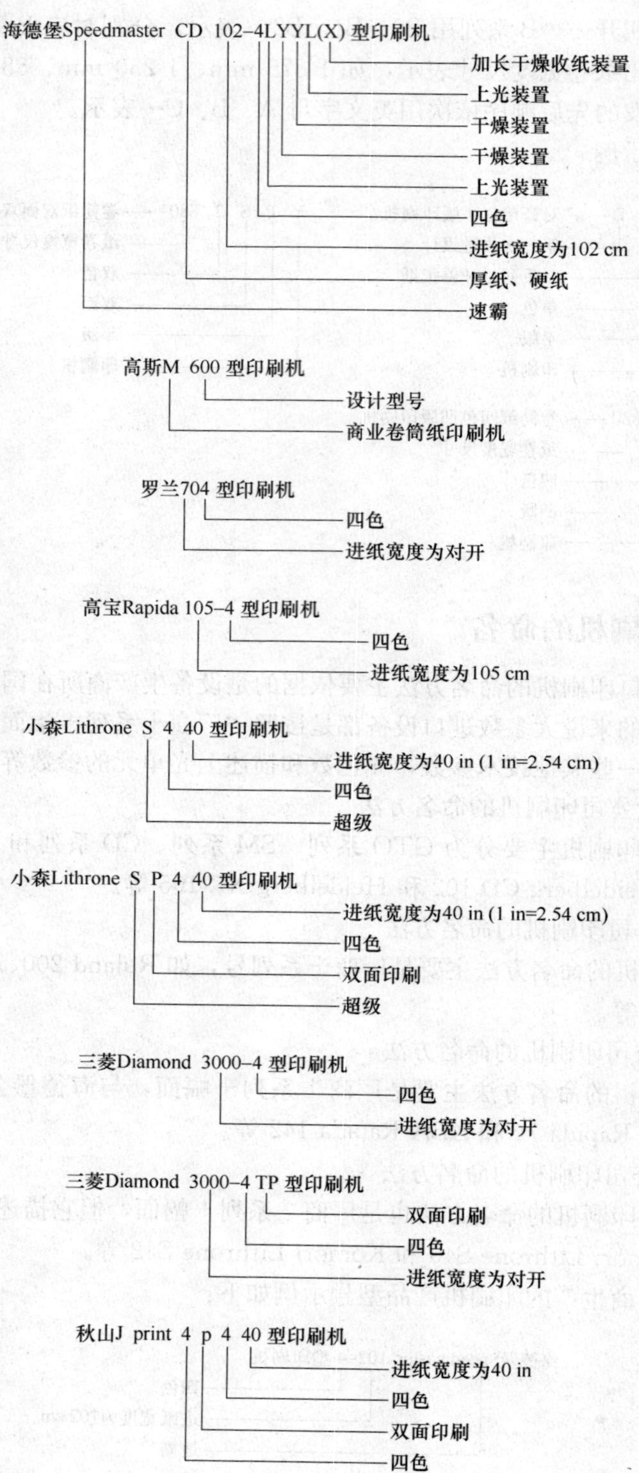
海德堡Speedmaster CD 102-4LYYL(X) 型印刷机
加长干燥收纸装置
上光装置
干燥装置
干燥装置
上光装置
四色
进纸宽度为102 cm
厚纸、硬纸
速霸
高斯M 600 型印刷机
设计型号
商业卷筒纸印刷机
罗兰704 型印刷机
四色
进纸宽度为对开
高宝Rapida 105-4 型印刷机
四色
进纸宽度为105 cm
小森Lithrone S 4 40 型印刷机
进纸宽度为40 in (1 in=2.54 cm)
四色
超级
小森Lithrone S P 4 40 型印刷机
进纸宽度为40 in (1 in=2.54 cm)
四色
双面印刷
超级
三菱Diamond 3000-4 型印刷机
四色
进纸宽度为对开
三菱Diamond 3000-4 TP 型印刷机
双面印刷
四色
进纸宽度为对开
秋山J print 4 p 4 40 型印刷机
进纸宽度为40 in
四色
双面印刷
四色

第二节 平版印刷机的组成与作用

一、单张纸平版印刷机

单张纸平版印刷机根据其印刷工艺流程可分为以下五大部分。

1. 输纸装置

(1) 输纸装置的组成及作用

现代单张纸平版印刷机的输纸装置一般由纸张分离机构、输纸台升降机构、纸张输送机构、自动控制机构和气路系统五部分组成，如图 1—10 所示。

纸张分离机构的作用是将堆纸台上待印的纸张一张张分离开来，并传送给接纸辊。输纸台升降机构的作用是完成输纸台的快速升降和自动上升动作，使纸堆保持在一定高度。纸张输送机构的作用是接过纸张分离机构分离开来的纸张，通过输纸板台准确、均匀地将纸张输送到规矩部件进行定位。自动控制机构的作用是对输纸过程中出现的双张、多张、空张、纸张歪斜等故障进行控制，以保护机器安全，防止废品的出现。气路系统的作用是为输纸装置提供气源，使纸张分离机构顺利分纸。

图 1—10 输纸装置

(2) 输纸装置的输纸过程

输纸过程如图 1—11 所示，松纸吹嘴 2 吹松纸张，分纸吸嘴 4 吸纸上升，压纸吹嘴 3 压纸吹风，递纸吸嘴 5 吸纸上升并前移送纸，同时前挡纸牙 6 开始往前摆动，压纸轮 8、接纸辊 7 接纸前送，线带辊 17、检测轮 10 对纸张进行双张检测，线带 16 与导纸系统中的压纸轮 11、毛刷 12、毛刷轮、压纸球配合把纸张准确、均匀地输送到规矩部件进行定位。

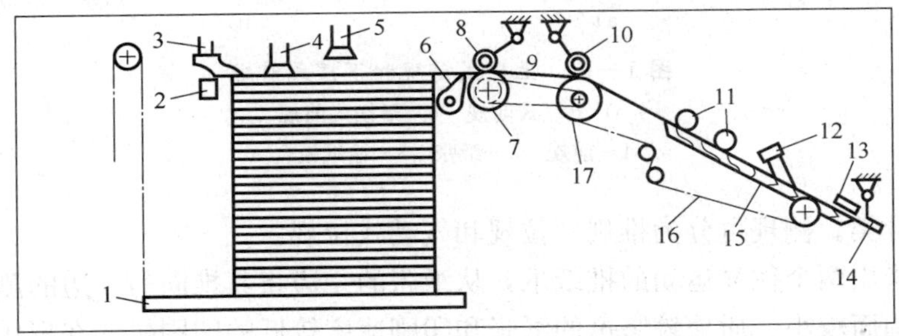

图 1—11 输纸过程

1—堆纸台 2—松纸吹嘴 3—压纸吹嘴 4—分纸吸嘴 5—递纸吸嘴 6—前挡纸牙 7—接纸辊 8、11—压纸轮 9—过纸板 10—检测轮 12—毛刷 13—侧规 14—前规 15—输纸板台 16—输纸线带 17—线带辊

2. 定位与递纸装置

（1）定位装置的作用、组成及分类

1）定位装置的作用。定位装置的作用是使纸张进入印刷部分前处在一定的位置，保证同一批产品的图文印在纸张的固定位置，套印准确。

2）定位装置的组成。定位装置由前规和侧规组成，如图 1—12 所示。

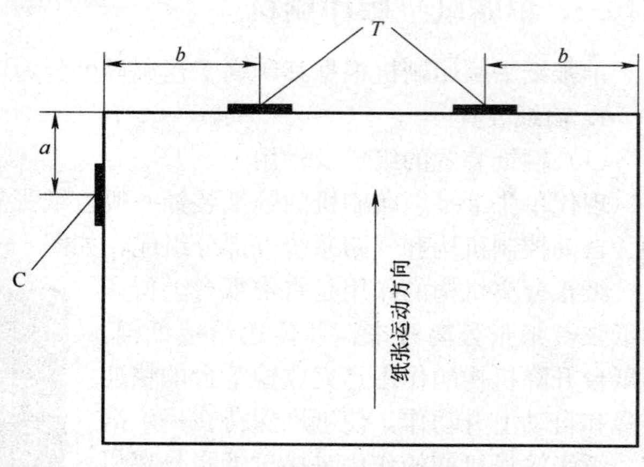

图 1—12　纸张的定位

前规用于对纸张纵向（前后或上下方向）进行定位，图 1—12 中 T 为前规。前规一般有两个（大开幅印刷机有四个），下摆式前规印刷机有四个以上同时使用，并保持每个前规处于同一平面。前规距离纸张两侧边的距离为纸张总宽度的 1/5～1/4。

侧规用于对纸张横向（左右或来去方向）进行定位，图 1—12 中 C 为侧规。侧规也有两个，但印刷时只用一个，若需反面印刷，则用另外一个。

3）定位装置的分类

①前规的分类。前规可分为上摆式前规和下摆式前规。

上摆式前规的摆动中心在输纸板的上部，必须在第一张纸完全离开输纸板台后才能对第二张纸进行定位。国产单色平版印刷机大多采用此类前规，如图 1—13a 所示。

下摆式前规如图 1—13b 所示，其摆动中心在输纸板的下部，可以在第一张纸未完全离开输纸板台时便可对第二张纸定位，增加了定位时间，提高了对纸张定位的稳定性。但上挡规较短，纸张易冲出上挡规，造成定位故障，故一般在输纸板前端配有吸气装置。

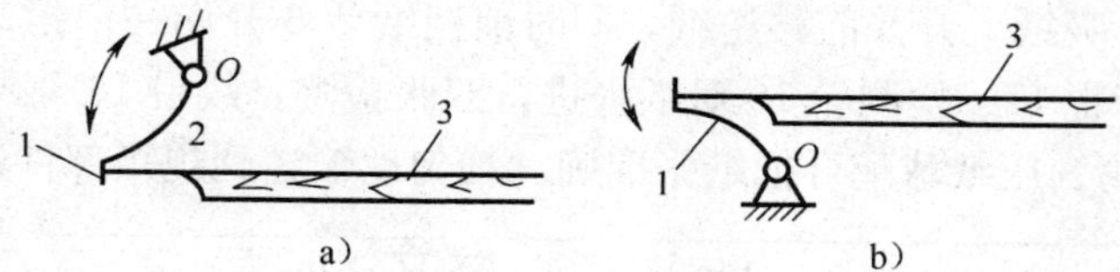

图 1—13　上摆式前规和下摆式前规

a）上摆式前规　b）下摆式前规

1—前规　2—纸张　3—输纸板台

②侧规的分类。侧规可分为推规、拉规和气动式拉规。

推规一般采用两个往复运动的推纸爪，从纸张的一边将其推向另一边的侧规定位板进行定位，仅用于幅面较小、质地较坚挺的纸张和印刷速度较低的印刷机，在现代高速平版印刷机上已不再使用。

拉规以定位板为基准，通过拉纸机件拉动纸张进行定位，国产平版印刷机大多采用此类侧规。

气动式拉规以定位板 4 为基准，如图 1—14 所示，通过吸气板 1 吸住纸张 3 右移至定位板 4 进行定位。现代高速印刷机大多采用此类侧规。

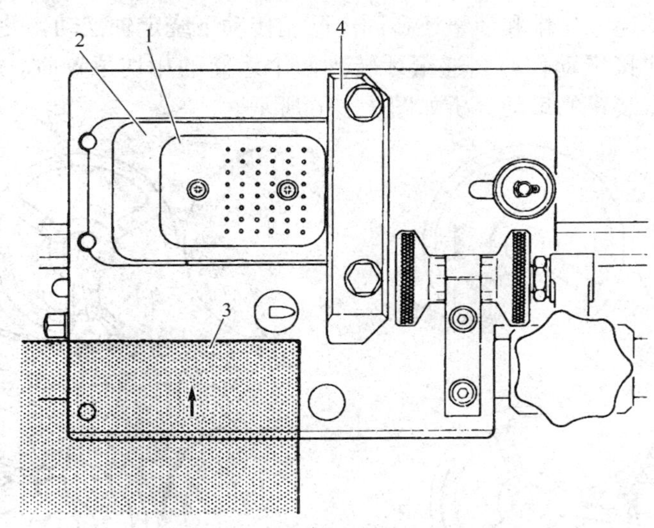

图 1—14 气动式拉规

1—吸气板 2—滑板 3—纸张 4—定位板

（2）递纸装置的作用、分类及运动要求

1）递纸装置的作用。递纸装置的作用是将输纸板上已定好位的纸张经加速后交给压印滚筒或前传纸滚筒叼牙。

2）递纸装置的分类。递纸装置有直接递纸和间接递纸两大类。其中，间接递纸方式有三大类，对应的递纸装置分别是摆动式递纸装置、旋转式递纸装置和超越式递纸装置。

①摆动式递纸装置。摆动式递纸装置按摆动形式不同可分为上摆式递纸装置、下摆式递纸装置和偏心摆动式递纸装置三种，如图 1—15 所示。

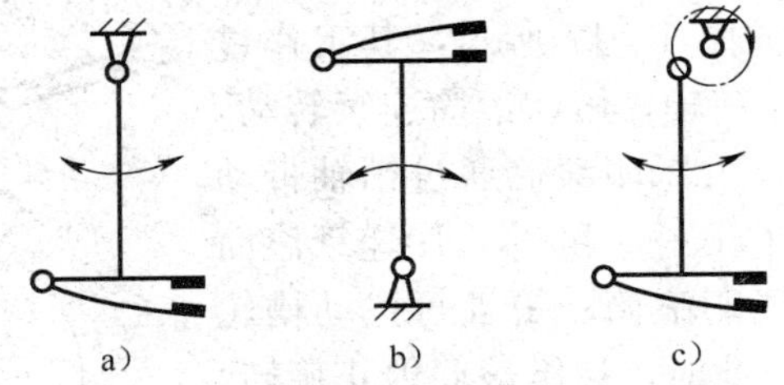

图 1—15 摆动式递纸装置

a）上摆式递纸装置 b）下摆式递纸装置 c）偏心摆动式递纸装置

上摆式递纸装置的递纸牙摆动轴安装在输纸台板上方。

下摆式递纸装置的递纸牙摆动轴安装在输纸台板的下面，这种方式由于递纸牙摆动方向与压印滚筒的转动方向不适应而常在递纸牙与压印滚筒之间加入一个传纸滚筒。

偏心摆动式递纸装置的递纸牙摆动轴轴心不固定，而是绕偏心轴承外圆中心做圆周运动，可实现从压印滚筒往回摆时不碰到正在输送的纸张。J2108 型平版印刷机采用此种递纸装置。

②旋转式递纸装置。旋转式递纸装置有连续式和间歇式两种。

在连续旋转式递纸装置中，装有递纸牙的递纸滚筒连续旋转，转速与压印滚筒相同，方向相反。除转动外，递纸牙排和牙垫还在固定凸轮传动下绕定轴摆动，使递纸牙在前规处于相对静止状态时完成接纸动作，当递纸牙转到两个滚筒的相切位置时，将纸张交给压印滚筒。连续旋转式递纸装置的运动分析如图 1—16 所示。

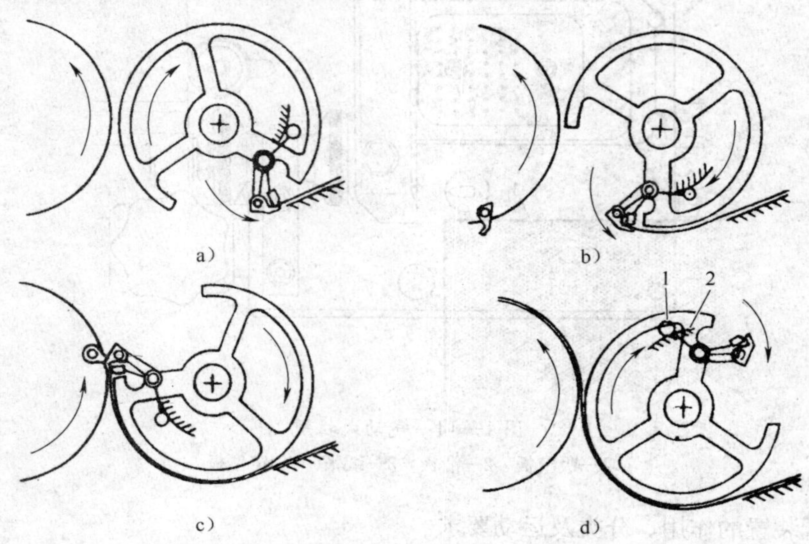

图 1—16　连续旋转式递纸装置的运动分析

1—压片　2—纸张

叼牙在前规处接纸时，递纸滚筒旋转，而叼牙向与滚筒转速相反的方向摆动，使叼牙相对于输纸台板静止接纸。叼牙在输纸台板处接纸后，停止摆动，与递纸滚筒一起向压印滚筒旋转。递纸滚筒和压印滚筒在转速相同、方向相反的转动中相对静止地进行纸张交接。由压印滚筒向输纸台板的转动中，叼牙开始向前摆动，准备在输纸台板处接纸。

间歇旋转式递纸装置如图 1—17 所示，其工作过程如下：压印滚筒轴端设有销轴，压印滚筒连续转动，当销轴进入槽轮的槽内时，由压印滚筒通过销轴带动槽轮转动；槽轮通过齿轮（z_1、z_2 和 z_3）使递纸滚筒转动，并加速将纸张交给压印滚筒；销轴每拨动槽轮转动一次后即从槽内脱出，此时，递纸滚筒停止旋转，在输纸板前端静止地准备接取下一张纸。

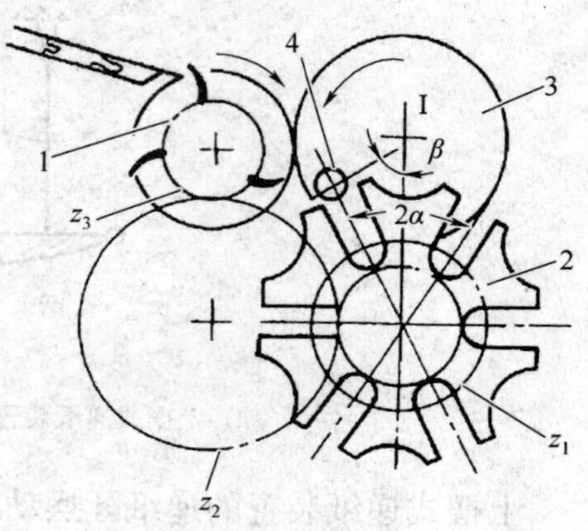

图 1—17　间歇旋转式递纸装置

1—递纸滚筒　2—槽轮

3—压印滚筒　4—销轴

③超越式递纸装置。如图 1—18 所示，其工作原理如下：纸张在输纸台上完成初定位后，由滚轮或真空带传送做加速运动，并使纸张到达压印滚筒挡纸定位板时的速度略大于滚筒表面线速度，利用速度差进行二次定位，然后再由压印滚筒咬纸牙把纸咬住进行印刷。

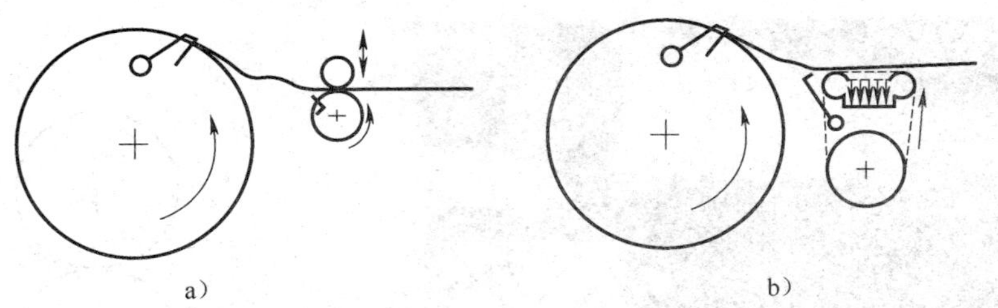

图 1—18 超越式递纸装置

超越式递纸装置的优点是纸张定位是在压印滚筒上进行的，没有递纸机构，消除了递纸机构递纸误差对纸张位置的影响。

3）递纸装置的运动要求

①在输纸板上叼纸时，递纸叼牙的速度为零，即在静止或相对静止状态下接取定好位的纸张。

②把纸张交给压印（或传纸）滚筒时，递纸牙的速度应与压印（或传纸）滚筒表面线速度相等，且交接点应是递纸牙与滚筒表面的相切点。

③由接纸点到交纸点间的加速运动过程应无冲击，也就是要求平稳地加速。

④接纸与交纸应有一段交接时间，在输纸板上有一段静止时间，即稳纸时间；在与滚筒交接时有一段速度相等的时间，即同步时间，不允许发生纸张失控现象，以保证传纸精度。

3. 压印装置

压印装置（见图 1—19）的主要机构有传纸滚筒、三滚筒（印版滚筒、橡皮布滚筒和压印滚筒）、中心距调节机构、离合压机构等，其作用是把印版滚筒上图文部分的油墨经橡皮布滚筒转移到承印物上。

（1）平版印刷机常用滚筒排列形式

平版印刷机的滚筒排列是以三滚筒排列形式为基础的。随着平版印刷机的发展，滚筒的排列形式有了一些变化，现在平版印刷机的滚筒部分主要有三种排列形式。

1）三滚筒型平版印刷机滚筒排列

①单机组三滚筒基本排列。此种排列是滚筒的基本排列形式，如图 1—20 所示。由印版滚筒 P、橡皮布滚筒 B 和压印滚筒 I 组成，结构简单，操作方便，但用它印刷多色产品时需要一定的时间间隔，生产周期长，且由于纸张多次印刷易发生伸缩变形，影响套印精度。

②多机组构成的多色机滚筒排列。如图 1—21 所示各机组均为三滚筒基本排列，利用传纸滚筒将各个单机组连接起来，每组印一色（或两色），共同完成多色印刷。其特点是一次完成多色印刷，生产效率高；便于标准化、多色化，制造成本低；传纸路线长，便于油墨干燥；适应性强，产品质量高。

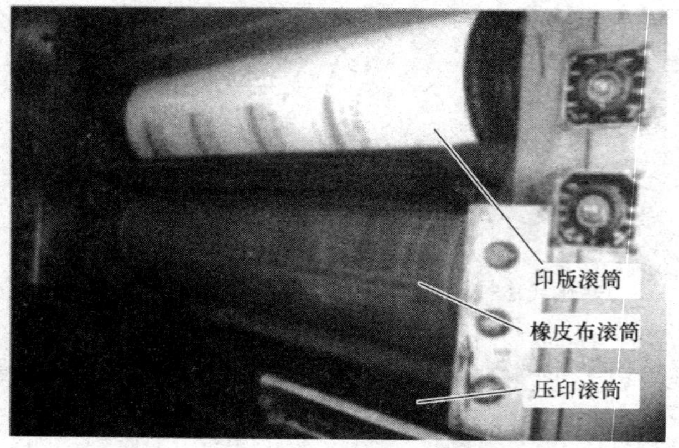

图 1—19　压印装置

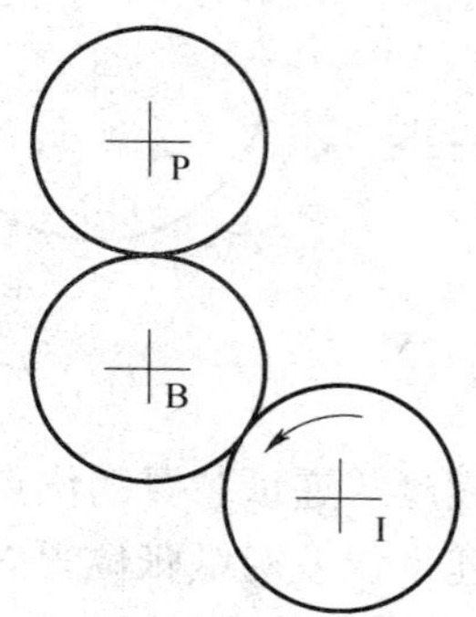

图 1—20　三滚筒单色机滚筒排列

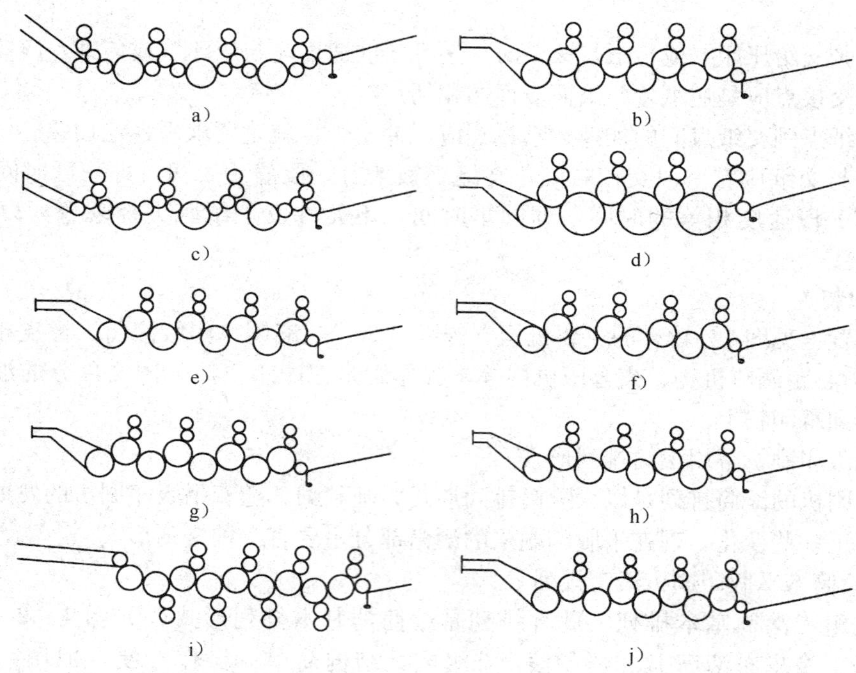

图 1—21　三滚筒机组式多色机的滚筒排列

a）北人 pz4880-01 型机　b）北人 300-4 型机　c）海德堡 Speedmaster102-4 型机　d）海德堡 SpeedmasterCD102-4 型机　e）罗兰 704 型机　f）高宝 Rapida 105-4 型机　g）三菱 Diamond3000-4 型机　h）小森 Lithrone S400 型机　i）秋山 JPrint 4p440 型机　j）良明 Ryobi 924 型机

③印刷滚筒的直径关系及特点。常用多色平版印刷机三个印刷滚筒的直径关系可归纳为三类：一类是 P、B、I 等径，如海德堡 SM 102 系列、罗兰 RZK 3B 型、北人 PZ4880-01 型等平版印刷机；另一类是 P、B 等径，I 为两倍径，如北人 300 系列、高宝 Rapida 105 系列、罗兰 700 系列、三菱 Diamond3000 系列、小森 Lithrone S40 系列等平版印刷机；第三类是 P、B 等径，I 为三倍径，如秋山 Bestech 40 系列等平版印刷机。采用两倍径或三倍径压印

滚筒的印刷机特点如下：

a. 压印滚筒直径大，橡皮布滚筒和压印滚筒之间的压印线接触宽度就大，如果印刷速度相同，橡皮布滚筒上每一点的压印时间相对较长，有利于将油墨转印到承印物上。

b. 采用两倍径或三倍径压印滚筒的单张纸平版印刷机，在机组之间一般只需用一个大传纸滚筒进行传纸，可以减少印刷过程中纸张交接的次数，避免了因纸张多次交接所产生的误差，保证了套印的精度和印刷质量的稳定。

c. 两倍径的压印滚筒叼纸牙叼住纸张进行印刷时，承印纸张弯曲度小，有利于保持纸张的平整度，特别适合厚纸和硬纸的印刷。

d. 由于压印滚筒直径大，橡皮布滚筒和压印滚筒中心的连线与压印滚筒和传纸滚筒中心连线的夹角所对应的圆弧就长，有利于墨迹的干燥，减轻印迹的蹭脏，并且有利于保证套印的准确性。

e. 两倍径或三倍径压印滚筒的缺点是体积大，结构复杂，加工困难。

2）卫星型及半卫星型印刷机滚筒排列

①卫星型及半卫星型滚筒排列。半卫星型又叫五滚筒型，是以两色组共用一个压印滚筒的滚筒排列形式，北人 J2203 型、J2205 型双色平版印刷机采用这种滚筒排列形式，如图 1—22a 所示。如图 1—22b 所示为卫星型滚筒排列形式，在压印滚筒的圆周上分布多个色组，多个色组共用一个压印滚筒，压印滚筒一般是印版滚筒、橡皮布滚筒的四倍径。其优点是纸张一次交接，可同时印多色，套印准确；缺点是各色间隔时间短，墨色易混且粘脏，机器结构庞大。海德堡 DI46-4 型平版印刷机就属于卫星型滚筒排列形式。

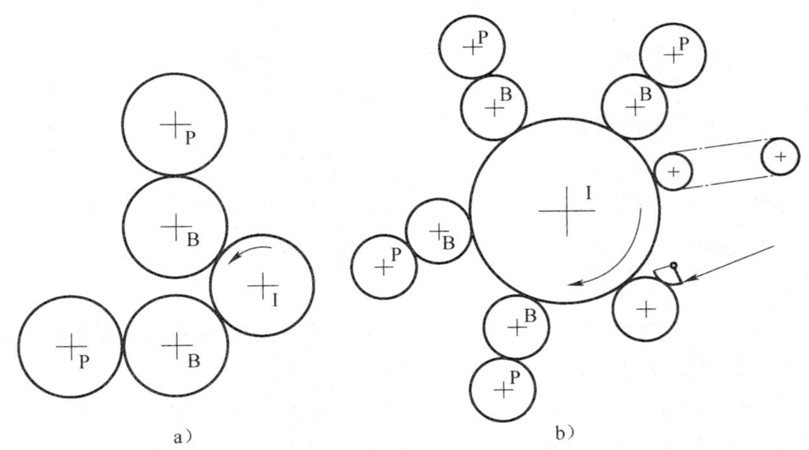

图 1—22　卫星型及半卫星型滚筒排列
a）半卫星型　b）卫星型

②五滚筒机组式平版印刷机。如图 1—23 所示，五滚筒双色机经过链条传纸，可以组成十滚筒四色机，两个机组印四色。由于机组进纸和出纸是同一方向，所以不能采用滚筒传纸，而采用链条传纸。罗兰 RZK 3B 型平版印刷机就属于五滚筒机组式滚筒排列形式。

3）B—B 型双面平版印刷机滚筒排列。此类机器没有专用的压印滚筒，纸张通过两个橡皮布滚筒之间同时进行双面印刷。由于两个橡皮布滚筒互为压印滚筒，故称为 B—B 型，如

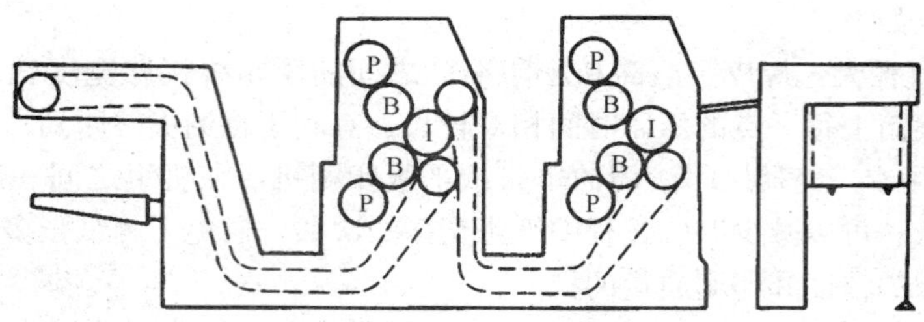

图 1—23　五滚筒机组式平版印刷机滚筒排列

图 1—24 所示。单张纸 B—B 型平版印刷机，上色组橡皮布滚筒空档设有咬纸牙排，适宜单色书刊、杂志书芯正反面的印刷。现代 B—B 型机多用于卷筒纸印刷，可实现正反双面及多色印刷，印刷速度快、效率高。

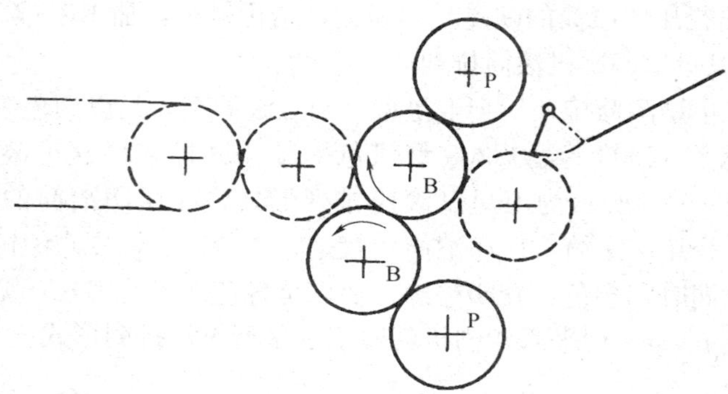

图 1—24　B—B 型双面平版印刷机滚筒排列

（2）单张纸多色平版印刷机色组之间的传纸形式与特点

单张纸多色平版印刷机色组之间的传纸形式主要有以下几种：

1）压印滚筒叼纸牙传纸。五滚筒型平版印刷机两个色组共用一个压印滚筒，压印滚筒叼牙叼纸完成两色印刷。如北人 J2203 型和 J2205 型、罗兰 800 型系列印刷机色组之间就是采用这种传纸形式。

压印滚筒叼纸牙传纸的优点是结构简单，两个色组套印精度高，机器占地小；缺点是两个色组印刷间隔时间短，不利于油墨的干燥，影响印刷质量。

2）链条叼纸牙排传纸。机组式五滚筒型四色平版印刷机的第二色组和第三色组之间就采用了链条叼纸牙排传纸形式，如罗兰 RZK 3B 型、罗兰 800 型平版印刷机。

链条叼纸牙排传纸的优点是四色印刷过程中只有两次交接，交接次数减少，提高了套印精度；且二、三色的印刷间隔时间长，第三色套印时网点重叠部分印刷效果好，对提高印刷质量有利。链条叼纸牙排传纸的缺点是由于采用链条叼纸牙排传纸，噪声大，链条磨损快，会影响套准精度。

3）传纸滚筒叼牙传纸。大部分多色平版印刷机的色组之间采用传纸滚筒叼牙传纸，色组之间的传纸滚筒数量为一个或三个。如海德堡 SM 102 系列、北人 PZ4880-01 型平版印刷机机组之间采用三个传纸滚筒；北人 300 系列、高宝 Rapida 105 系列、罗兰 700 系列、三菱 Diamond3000 系列、小森 Lithrone S40 系列等平版印刷机机组之间采用一个传纸滚筒。

传纸滚筒叼牙传纸的优点是比压印滚筒叼纸牙传纸色组之间印刷间隔时间长，比链条叼纸牙排传纸精度高，有利于提高印刷质量。传纸滚筒叼牙传纸的缺点是色组之间交接次数多（尤其是机组之间采用三个传纸滚筒的印刷机），需要提高传纸滚筒的材质和加工精度；否则易引起套印不准。

4. 润湿与输墨装置

润湿装置（见图 1—25）与输墨装置（见图 1—26）的主要机构有供水、匀水、着水机构和供墨、匀墨、着墨机构，其作用是定时、定量、均匀地将润版液和油墨传出，经匀水、匀墨机构延压打匀后均匀地涂敷在印版滚筒表面的 PS 版上。

图 1—25　润湿装置

5. 收纸装置

收纸装置（见图 1—27）的主要机构有收纸滚筒、收纸牙排出纸机构、收纸减速机构、理纸机构、链条张紧机构、收纸台升降机构和收纸辅助机构等，其作用是将印刷好的纸张输送到收纸台，并使其平稳、整齐地堆叠成垛。

图 1—26　输墨装置

图 1—27　收纸装置

二、卷筒纸平版印刷机

1. 卷筒纸平版印刷机的组成和作用

卷筒纸平版印刷机是用纸卷以纸带的方式连续供给印刷机机组完成印刷的机械。根据用途不同，卷筒纸平版印刷机大致可分为报版轮转机、书版轮转机和商业轮转机三大类。卷筒纸平版印刷机一般由输纸部分、印刷部分和收纸部分组成。

（1）输纸部分

输纸部分（见图1—28）的主要机构有纸卷安装和升降机构、纸卷驱动机构、张力控制机构、纸带导引机构和自动接纸机构等，其作用是将纸卷打开，并保证纸带在恒定的张力下平稳运行。

图1—28　卷筒纸胶印机输纸装置

（2）印刷部分

印刷部分（见图1—29）的主要机构有几组印版和橡皮布滚筒、输水和输墨装置等，其作用是给印版上水、上墨，并把印版图文上的油墨经橡皮布滚筒转印到承印物上。

（3）收纸部分

收纸部分的主要机构有烘干装置、冷却装置、折页装置（见图1—30）和收贴装置等，其作用是将印刷好的纸带经烘干、冷却后，折成所需开幅的折贴。

图1—29　卷筒纸胶印机印刷装置

图1—30　卷筒纸胶印机折页装置

2. 卷筒纸平版印刷机的特点

（1）优点

1）效率高。印刷速度高达40 000～80 000 r/h，上版方便、省时，且可实现双面印刷。

2）适应性强。能适应短版印刷的需求，出纸方式多，可以满足报纸和书刊的印刷及折页、商业印刷的折页和复卷要求。

3）经济效益好。由于卷筒纸平版印刷机效益高，质量好，适应性强，且有折页功能，因而大大提高了出版书报的速度，缩短了出版书报的周期，能获得较好的经济效益。

（2）缺点

卷筒纸平版印刷机的缺点是改变印刷尺寸的灵活性差、多色套印废品率相对较高、短版印刷损耗率大等。

3. 卷筒纸平版印刷机的滚筒排列形式

卷筒纸平版印刷机按其滚筒排列的形式不同，一般有卧式 B—B 型、立式 B—B 型、五滚筒型、六滚筒型、三滚筒型和卫星型等，如图 1—31 所示。

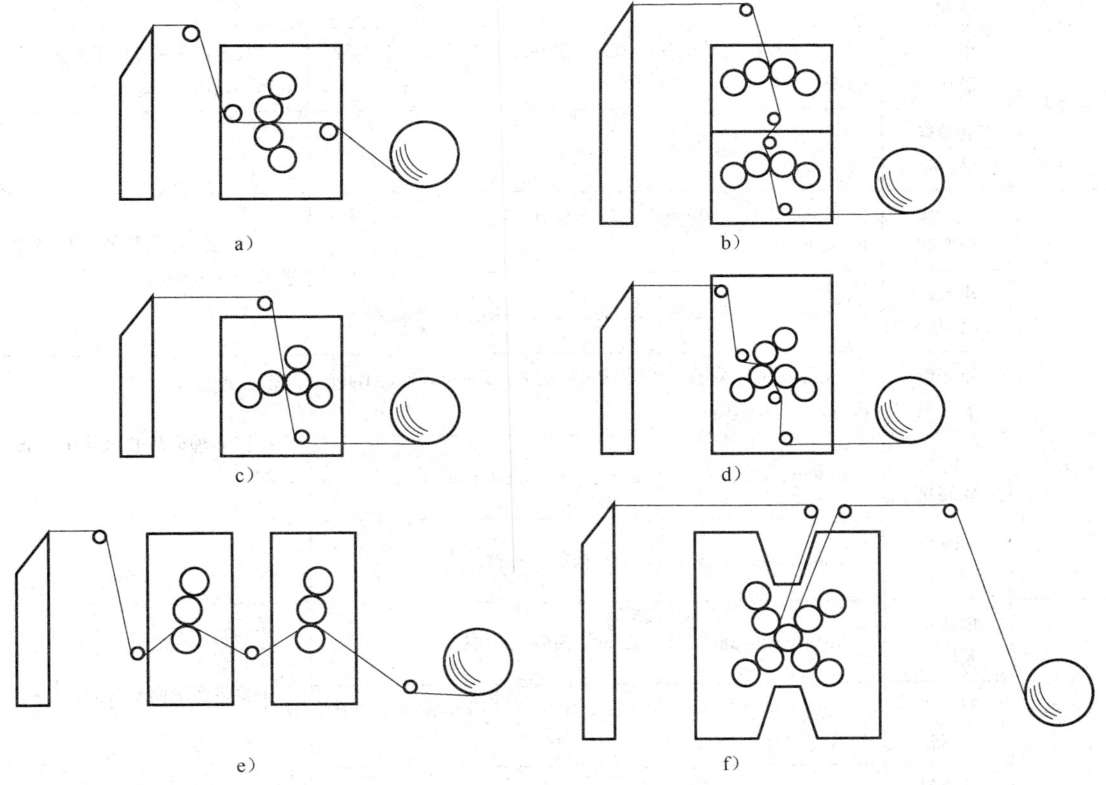

图 1—31 卷筒纸平版印刷机的滚筒排列形式

a）B—B 型（卧式） b）B—B 型（立式） c）五滚筒型 d）六滚筒型 e）三滚筒型 f）卫星型

三、国内外主要胶印机

国产印刷机制造商主要有北人集团、上海光华、江西中景等几十家公司，国外印刷机制造商主要有德国海德堡（Heidelberg）、德国曼·罗兰（Man·Roland）、德国高宝（KBA）、美国高斯国际（Goss International）、日本小森（Komori）、日本三菱（Mitsubishi）等几十家公司。它们生产的主要胶印机型号和说明见表 1—1。

表 1—1　　国内外主要胶印机型号和说明

制造商	胶印机类型	胶印机型号	说明
北人集团	单张纸胶印机	J2108、J2205、JS2102、PZ4880、PZ2740、Beiren300、Beiren600、Beiren800	国内主要胶印机制造商，以对开和全张胶印机为主
	卷筒纸胶印机	JJ201、JJ204、PJ787、PJS2880、PJS4880、YP2787、YP4880、YP890	用于书刊、报纸的印刷
上海光华	单张纸胶印机	PZ1650、PZ2650、PZ4650、PZ21020、PZ41020	主要生产四开和对开胶印机
江西中景	单张纸胶印机	J4105、PZ2660、PZ2740、PZ4660、PZ5660、PZ4740	主要生产四开胶印机
海德堡	单张纸胶印机	CD74/102、SM74/102、SM52、PM74、GTO52、QM46、XL105	主要生产单张纸胶印机和印后设备，以薄纸胶印机为主
	商业轮转机	M-600、Sunday2000、Sunday3000	
曼·罗兰	单张纸胶印机	Roland200、Roland300、Roland500、Roland700、Roland900 等	主要生产卷筒纸胶印机及单张纸厚纸胶印机
	出版轮转机	Cromoman、Regioman、Colorman、Geoman	
高宝	单张纸胶印机	Rapida74、Rapida105、Rapida130、Rapida142、Rapida162、Rapida185	生产多种印刷机及大开幅胶印机
	出版轮转机	Colora、Colormax、Comet、Commander、Cortina	
	商业轮转机	Compacta213/215/217/318/408/618/818	
小森	单张纸胶印机	Lithrone26/28/32/40/44/50、Sprint26/28	主要生产单面及双面胶印机
	双面胶印机	Lithrone S40X、Lithrone S40P、Lithrone26P/28P/40RP/44RP	
	卷筒纸胶印机	System18S/20S/35S/38S/25/35/40/43/49	
三菱	单张纸胶印机	Diamond1000、Diamond2000、Diamond3000、Diamond6000	
	卷筒纸胶印机	Diamond8/16/32/48/64	

思考练习题

1. 常用印刷机分类方法有哪些?

2. 单张纸平版印刷机一般由哪些工作部件组成? 各工作部件作用如何?

3. 卷筒纸平版印刷机一般由哪些工作部件组成? 各工作部件作用如何?

4. 根据印刷机的三种命名方法，分析 J2203、JS2102、PZ4880-01B、PYS2880 等型号中字母和数字的含义。

第二章　输纸装置

学习目标

熟悉纸张分离机构中各组成部分的工作原理、调节要求和调节方法；熟悉输纸台快速升降机构和自动上升机构的传动原理；熟悉纸张输送机构中各组成部分的工作原理、调节要求和调节方法；熟悉双张、空张控制器的工作原理、调节要求和调节方法；了解气泵的工作原理、气路的走向及调节；能根据输纸装置各组成部分的调节要求调节输纸装置，能分析和排除常见输纸故障。

第一节　纸张分离机构

一、纸张分离机构的组成、工作位置及调节

1. 纸张分离机构的组成

纸张分离机构由松纸吹嘴、压纸吹嘴、分纸吸嘴、递纸吸嘴、分纸钢片（或斜毛刷、平毛刷）、后挡纸板、侧挡纸板和前挡纸牙组成，如图 2—1 所示。

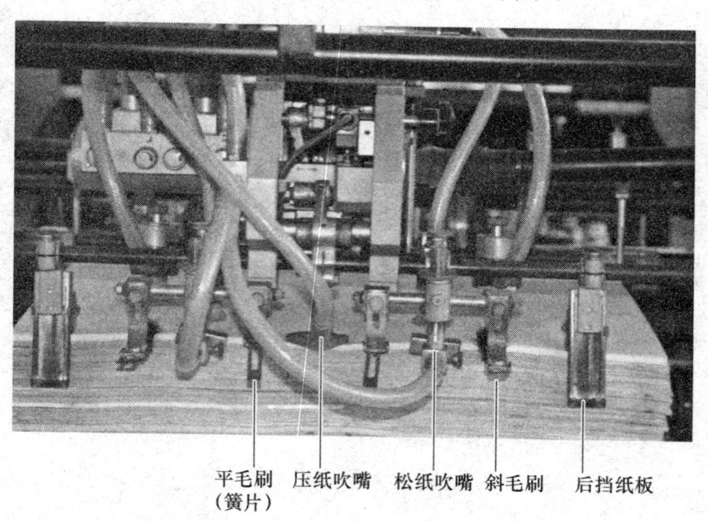

图 2—1　纸张分离机构的结构

2. 纸张分离机构的工作位置及调节

（1）纸张分离机构各组成机件的工作位置

分纸机构中各分纸机件的工作位置如图 2—2 所示。

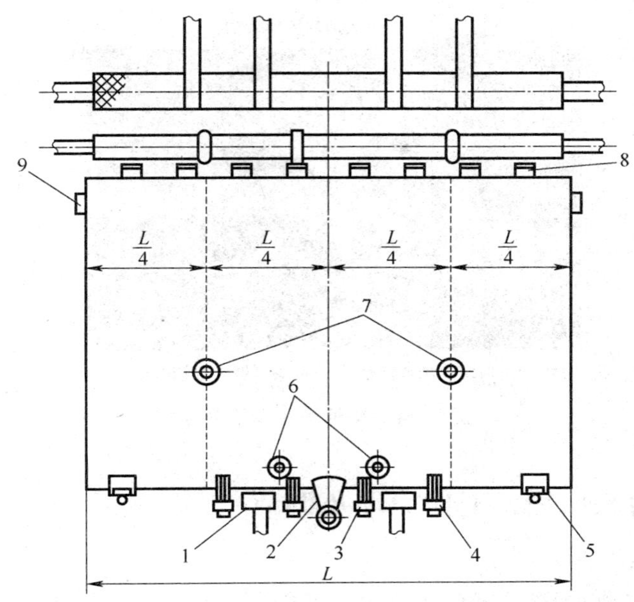

图 2—2 分纸机构中各分纸机件的工作位置（俯视图）

1—松纸吹嘴 2—压纸吹嘴 3—斜毛刷 4—平毛刷 5—后挡纸板 6—分纸吸嘴 7—递纸吸嘴 8—前挡纸牙 9—侧挡纸板

(2) 分纸头的调节

输纸机分纸头的结构如图 2—3 所示，其调节分为前后位置调节和高低位置调节。

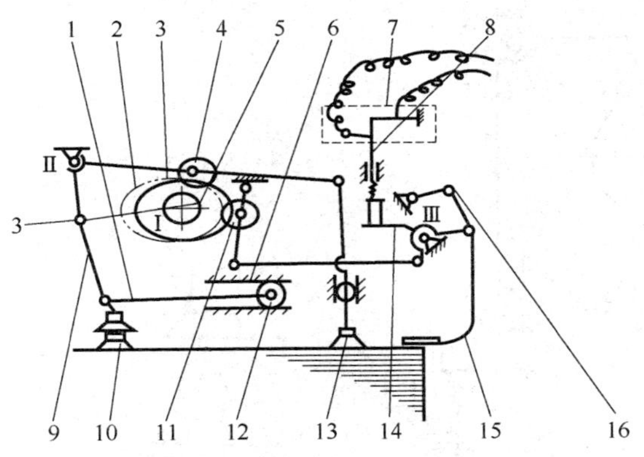

图 2—3 输纸机分纸头的结构

1、16—连杆 2—压脚凸轮 3—分纸吸嘴凸轮 4、11—滚子 5—偏心轮 6—导轨 7—微动开关 8—触点 9、14—摆杆 10—递纸吸嘴 12—轴承滚子 13—分纸吸嘴 15—压脚

1）前后位置调节。松开分纸头锁紧星形手柄，转动摇把，待分纸头到适当位置后，再锁紧星形手柄，如图 2—4 所示。

2）高低位置调节。转动分纸头下面的高低位置调节星形手柄，即可调节整个分纸头的高低位置，如图 2—4 所示。

图 2—4 分纸头的调节装置

二、分纸吸嘴的作用、工作原理及调节

1. 分纸吸嘴的作用

分纸吸嘴的作用是吸起被吹松的纸堆最上面的一张纸，使其与纸堆充分分离，并交给递纸吸嘴。

2. 分纸吸嘴的工作原理

凸轮 1 转动，经滚子使摆杆 2 上下摆动，再经导杆 3、导槽 4 使气缸 6 上的分纸吸嘴 7 产生上下运动，如图 2—5 所示。

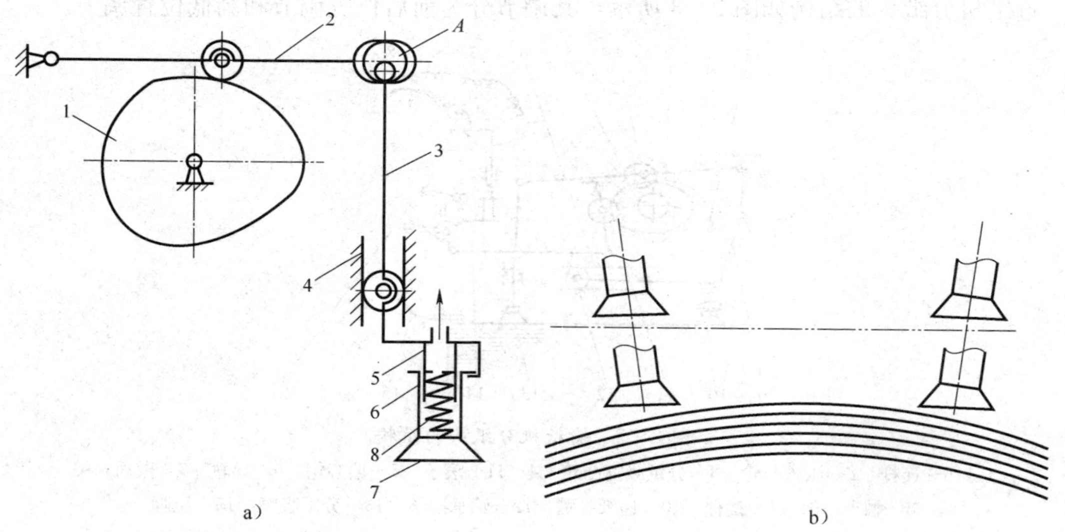

图 2—5 分纸吸嘴工作原理机构简图

1—凸轮 2—摆杆 3—导杆 4—导槽 5—活塞 6—气缸 7—分纸吸嘴 8—弹簧

当凸轮低点与摆杆 2 上的滚子接触，且气缸 6 处于断气状态时，分纸吸嘴 7 离纸堆面最近，为 2～8 mm（根据纸张厚薄而定）。

当凸轮高点与摆杆 2 上的滚子接触，且气缸 6 处于吸气状态时，分纸吸嘴 7 离纸堆面最远，吸嘴上升总高度 $H=H'+H''$（H'为凸轮导杆机构使吸嘴上升的高度，H''为气缸吸气上升的高度），从而使被吸嘴吸住的纸张与纸堆面充分分离。

分纸吸嘴吸力的大小可通过气路上的调节阀或者选择不同大小规格的橡皮圈来调节。

3. 分纸吸嘴的调节

(1) 调节要求

1) 两分纸吸嘴高度相同，对称分布。

2) 分纸吸嘴在最低位置时，吸嘴底面距纸堆面的距离，薄纸为 6～8 mm，厚纸为 2～3 mm，如图 2—6 所示。

3) 分纸吸嘴中心距纸堆后缘为 20～23 mm。

(2) 调节方法

1) 前后位置调节。通过调节分纸头的前后位置进行调节，但一般不调节。

2) 高低位置调节。本身高度不能调节，可通过调节压纸吹嘴高低位置或插木楔使纸堆面高度变化间接进行调节。先进的飞达头可以通过飞达头侧面调节杆微调分纸吸嘴距纸面的高低和角度。

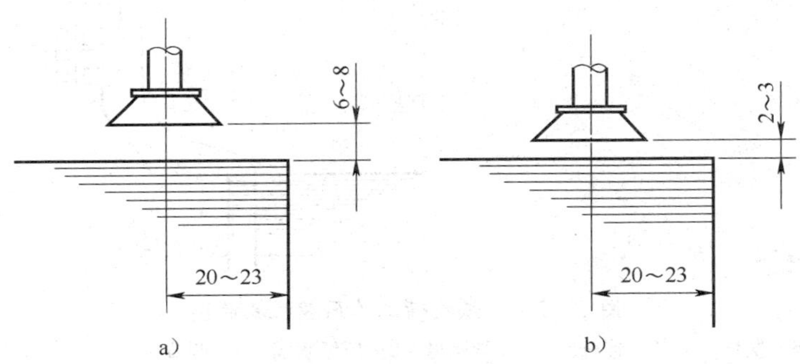

图 2—6 分纸吸嘴工作位置

a) 薄纸 b) 厚纸

三、压纸吹嘴的作用、工作原理及调节

1. 压纸吹嘴的作用

(1) 在分纸吸嘴吸起纸堆最上面的一张纸时，压纸吹嘴立即向下压住纸堆，以免递纸吸嘴带走下面的纸张。

(2) 压纸吹嘴压住纸堆后立即吹风，使分纸吸嘴分离出来的纸张与纸堆完全分离，以便递纸吸嘴送纸。

(3) 探测纸堆面高度。当纸堆面下降到一定高度使飞达头快要不能正常分纸时，压纸吹嘴探测机构及时发出信号，使输纸台自动上升。

2. 压纸吹嘴的工作原理

(1) 往复摆动原理

如图 2—7 所示，凸轮 1 经摆杆 2、连杆 3，再经摆杆 4、连杆 5、摆杆 6 组成的双摇杆机构，使安装在连杆 5 上的压纸吹嘴 8 往复摆动。

（2）高度探测原理

如图 2—7 所示，摆杆 4 上的凸块始终与导杆 11 接触，正常分离纸张时，纸堆面高度合适，导杆 11 与微动开关 10 不接触；随着纸张的不断分离，压纸吹嘴 8 不断下降，经连杆 5 使摆杆 4 上的凸块推动导杆 11 不断上升，当纸堆面下降到一定高度时，导杆 11 上端触动微动开关 10，发出自动升纸信号。

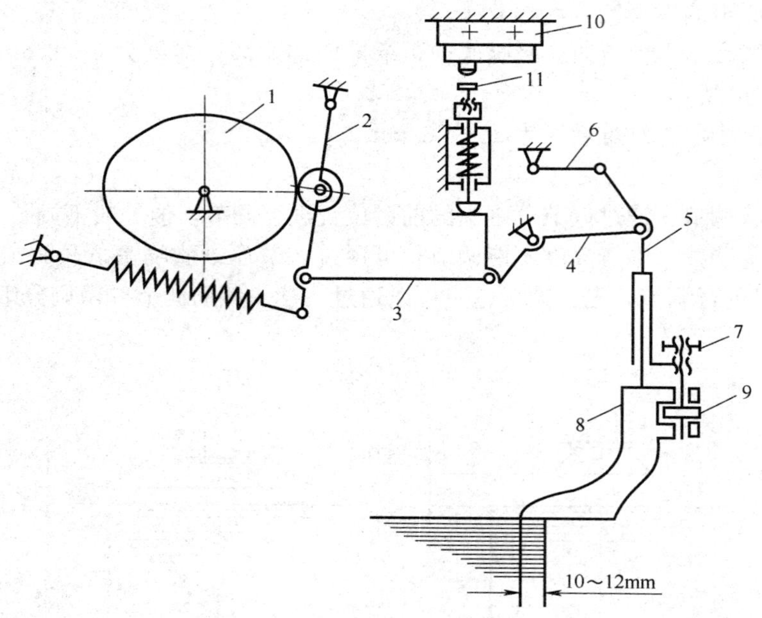

图 2—7　压纸吹嘴工作原理机构简图

1—凸轮　2、4、6—摆杆　3、5—连杆　7—锁紧螺母　8—压纸吹嘴　9—调节螺母　10—微动开关　11—导杆

（3）纸堆面高度的控制

纸堆叼口边的纸面高度一般比前挡纸牙低 5～8 mm，而压纸吹嘴是控制纸堆面高度的机件。若飞达头中各机件位置合适，分纸正常，但纸堆面比前挡纸牙低太多，不利于递纸，可整体调高飞达头，使纸堆叼口边的纸面高度比前挡纸牙低 5～8 mm，使飞达头顺利分纸。若纸堆面略高于或等于前挡纸牙，可调低飞达头或在纸堆拖梢中线位置插上木楔，使纸堆叼口边的纸面高度符合要求，飞达头顺利分纸。

3. 压纸吹嘴的调节

（1）调节要求

1）压纸吹嘴伸入纸堆后缘 8～12 mm。

2）压纸吹嘴高低位置应根据纸堆面高低位置的要求来调节，其高度应使纸堆面比前挡纸牙低 5～8mm。

（2）调节方法

1）压纸量的调节。松开分纸头锁紧星形手柄，转动分纸头摇把，通过调节整个分纸头的前后位置来实现，如图 2—4 所示。

2）高低位置的调节。调节整体高度时，转动分纸头下方的星形手柄，通过调节整个分纸头的高低位置来实现，如图 2—4 所示。调节单个高度时，松开锁紧螺母 3，转动调节螺母 2，即可调节单个压纸吹嘴的高低位置，如图 2—8 所示。

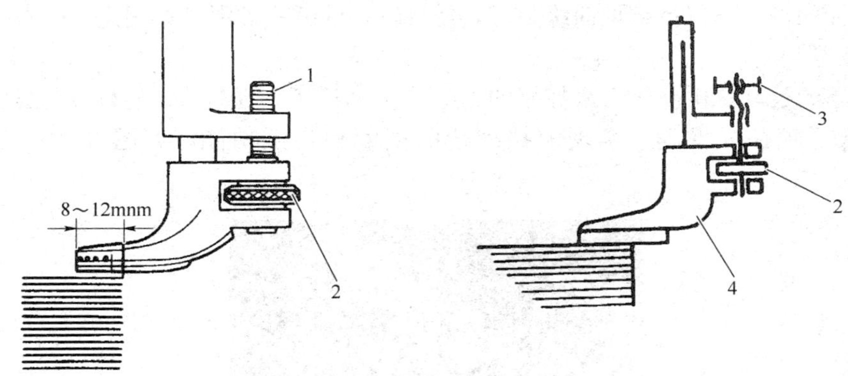

图 2—8 压纸吹嘴的标准位置（高低位置）

1—调节螺钉 2—调节螺母 3—锁紧螺母 4—压纸脚

四、递纸吸嘴的作用和工作原理

1. 递纸吸嘴的作用

递纸吸嘴的作用是从分纸吸嘴上接过被分离出来的单张纸，并向前递送到接纸辊上。

2. 递纸吸嘴的工作原理

递纸吸嘴的前后运动是由偏心轮摆杆机构和导槽机构控制的。递纸吸嘴 5 安装在活塞 8 上，气缸 9 由锁紧螺母 6 固定在连杆 3 上。偏心轮 1、摆杆 2、滚子 4、导槽 10 组成的偏心轮导槽机构使连杆 3 产生前后往复运动，从而使递纸吸嘴 5 产生前后运动，如图 2—9a 所示。递纸吸嘴 5 的上下运动是由活塞 8 在气缸 9 中的上下运动而获得的，如图 2—9b 所示。

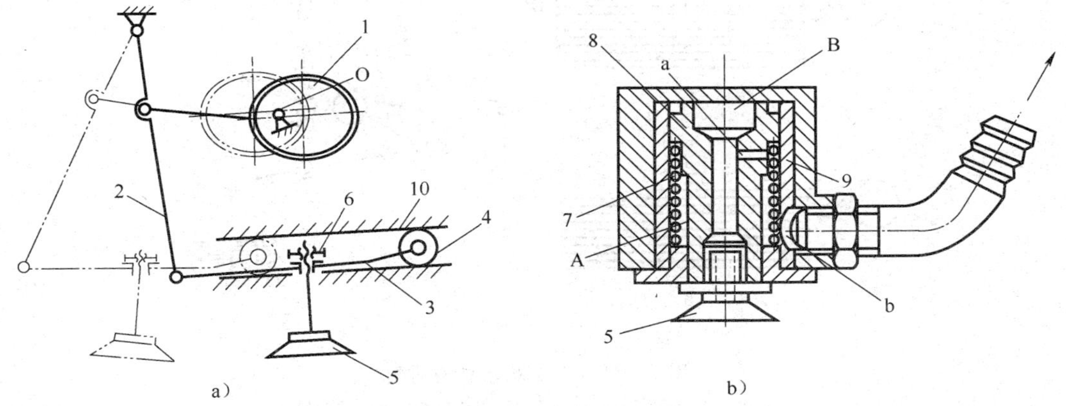

图 2—9 递纸吸嘴工作原理机构简图

1—偏心轮 2—摆杆 3—连杆 4—滚子 5—递纸吸嘴 6—锁紧螺母 7—弹簧 8—活塞 9—气缸 10—导槽

五、前挡纸牙的作用、工作原理及调节

1. 前挡纸牙的作用

前挡纸牙的作用是保持纸堆前缘整齐，使待输送的纸张被限制在固定的位置上。

2. 前挡纸牙的工作原理

前挡纸牙的运动是由凸轮 1 来控制的。凸轮 1 经滚子、摆杆 3、连杆 4、摆杆 5 及拉簧 2，使前挡纸牙轴往复摆动，实现前挡纸牙的挡纸和让纸功能，如图 2—10 和图 2—11c 所示。

图 2—10　前挡纸牙摆动控制机构

1—凸轮　2—拉簧　3、5—摆杆　4—连杆　6—前挡纸牙

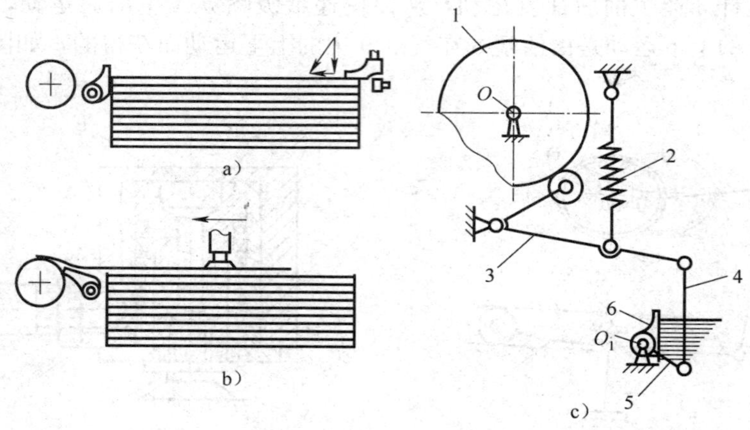

图 2—11　前挡纸牙机构简图

1—凸轮　2—拉簧　3、5—摆杆　4—连杆　6—前挡纸牙

3. 前挡纸牙的调节

（1）调节要求

1）各个前挡纸牙的位置必须整齐一致，与纸堆前缘同处于一个平面，并且在凸轮转到高位（见图 2—11c）时都保持竖直。

2）在松纸吹嘴开始吹风前，前挡纸牙应处于竖直挡纸的位置，当递纸吸嘴吸纸上升时，前挡纸牙应向前倾斜，不阻挡纸张的递送。

（2）调节方法

前挡纸牙摆动时间可通过改变凸轮 1 相对于轴 O 的周向位置来调节，如图 2—11 所示。

六、其他机件的作用及调节

1. 松纸吹嘴

（1）松纸吹嘴的作用

松纸吹嘴的作用是将纸堆上面的 5～10 张纸吹松，使纸张与挡纸毛刷相接触，便于纸张分离，如图 2—12 所示。

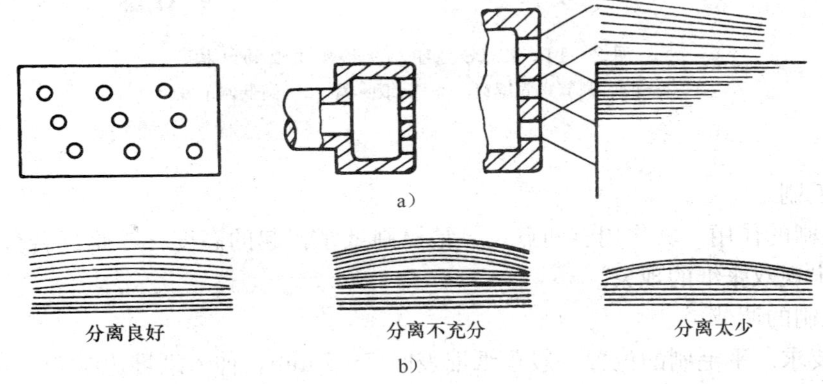

图 2—12 松纸吹嘴的形状及松纸效果
a）松纸吹嘴的形状 b）松纸效果

（2）松纸吹嘴的调节

1）调节要求。松纸吹嘴应对称分布，且吹嘴水平中线与纸堆面平齐。松纸吹嘴距纸堆后缘 6～10 mm，印刷厚纸时近一些，印刷薄纸时远一些，如图 2—13 所示。松纸吹嘴的风量以吹松纸堆最上面 5～10 张纸为宜。

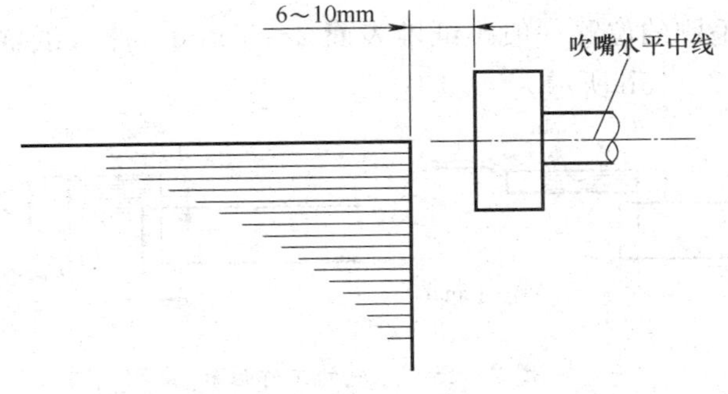

图 2—13 松纸吹嘴的位置

2）调节方法。如图 2—14 所示，松开松纸吹嘴旁边的前后调节紧固螺钉 1，可以调节其前后位置；转动高低调节螺母 3，即可调节松纸吹嘴的高低位置。

图 2—14　J2108 型印刷机松纸吹嘴的结构
1—前后调节紧固螺钉　2—松纸吹嘴　3—高低调节螺母

2. 毛刷

（1）平毛刷

1）平毛刷的作用。其作用有两点，一是控制纸张飘起的高度；二是配合分纸吸嘴分离纸张，避免出现双张纸的现象。

2）平毛刷的调节

①调节要求。平毛刷的位置一般距纸堆表面 2～5 mm，伸入纸堆边缘 6～10 mm，如图 2—15a 所示。

②调节方法。松开前后调节紧固螺钉 1，可调节毛刷的前后位置；松开高低调节紧固螺钉 2，可调节毛刷的高低位置，如图 2—16 所示。

（2）斜毛刷

1）斜毛刷的作用。其作用有两点，一是支承被松纸吸嘴吹松的纸张，使其保持吹松状态；二是配合分纸吸嘴分离纸张，避免出现双张纸的现象。

2）斜毛刷的调节

①调节要求。斜毛刷的位置一般距纸堆表面 2～5 mm，伸入纸堆后缘厚纸 3～5 mm，薄纸 7～9 mm，如图 2—15b 所示。

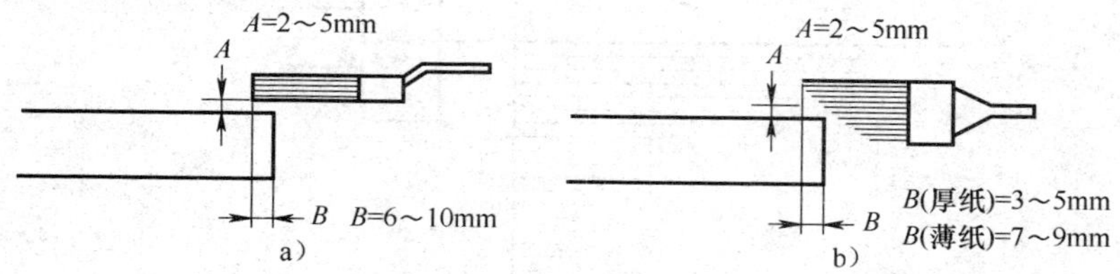

图 2—15　毛刷的工作位置
a）平毛刷　b）斜毛刷

图 2—16　毛刷工作位置调节机构
1—前后调节紧固螺钉　2—高低调节紧固螺钉　3—平毛刷

②调节方法。斜毛刷的调节方法与平毛刷相同。

3. 分纸钢片

在现代高速印刷机上，一般不采用平毛刷、斜毛刷配合分纸吸嘴分纸，而是采用分纸钢片配合分纸吸嘴分纸，避免出现双张纸的现象，如图 2—17 所示。在印刷薄纸时，钢片伸入纸堆 7～10 mm，高度距纸堆表面 0 mm；在印刷厚纸时，钢片伸入纸堆 4～6 mm，高度距纸堆表面 0～1 mm。

4. 挡纸板

（1）侧挡纸板

侧挡纸板的作用是使纸堆两侧保持齐整，侧挡纸板距离纸堆侧边缘约 2 mm，前松纸吹嘴吹松纸张 5～10 张。侧挡纸板基准位置如图 2—18 所示。

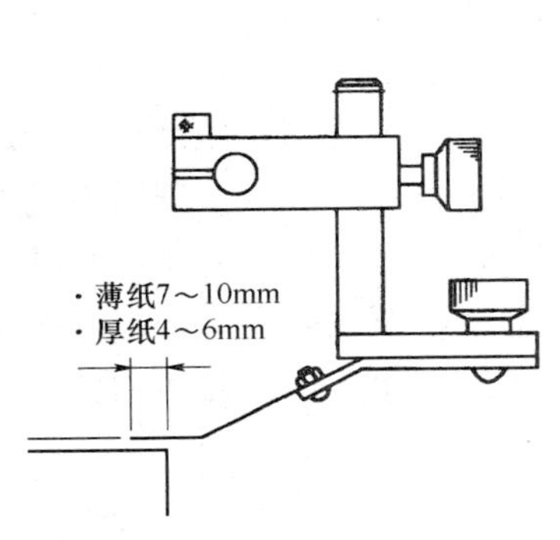

图 2—17　分纸钢片基准位置

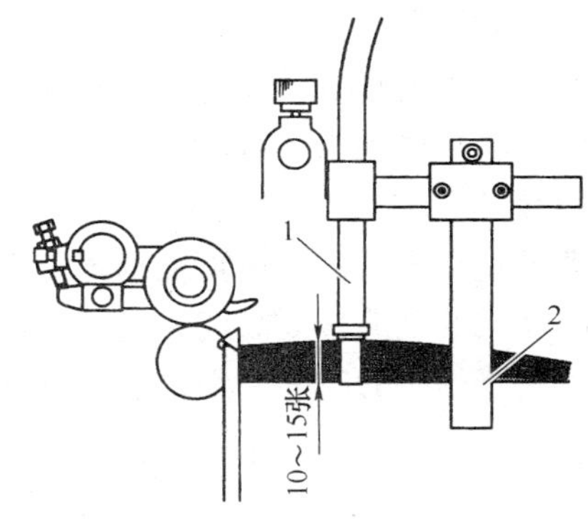

图 2—18　侧挡纸板基准位置
1—松纸吹嘴　2—导向板

（2）后挡纸板和压块

后挡纸板和压块作为一个整体，分别对称压在纸堆两侧后缘，以减少双张或多张故障。后挡纸板的作用是保证纸堆后缘齐整，防止被吹松的纸张在分纸过程中向后移动。后挡纸板和压块的基准位置如图 2—19 和图 2—20 所示。

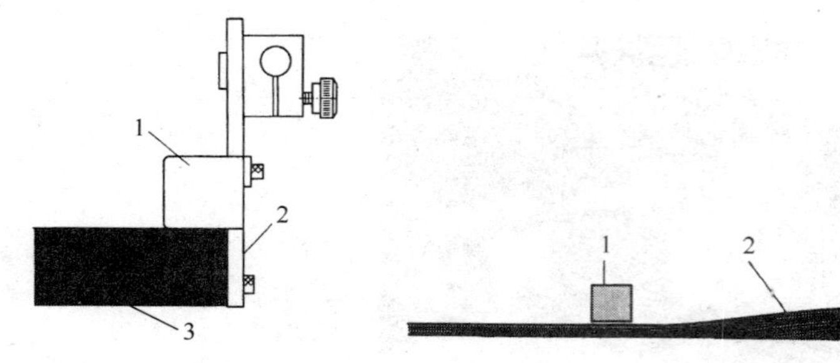

图 2—19　后挡纸板基准位置
1—压块　2—后挡纸板　3—印刷用纸

图 2—20　压块的基准位置
1—压块　2—印刷用纸

第二节　输纸台升降机构

现代单张纸平版印刷机输纸台升降机构应具备以下功能：输纸台能快速升降，以缩短辅助工作时间；输纸台能自动上升，以保证分纸器持续正常工作；输纸台能手动升降，以备必要时使用；输纸台能自锁，使其能稳定地停在所需位置；输纸台升降机构能互锁，使三种升降动作不发生干涉。

一、输纸台快速升降和自动上升机构

如图 2—21 所示为输纸台快速升降和自动上升机构。锥形转子电动机 1 经过齿轮 2、齿轮 3、蜗杆 4、蜗轮 5、链轮 6 以及一系列的链轮链条机构的传动来带动输纸台快速升降和自动上升。随着印刷过程的进行，输纸台上的纸堆面高度在不断地降低，当纸堆面高度下降到一定距离时，压纸吹嘴的行程加大，从而触动微动开关 10（见图 2—7），发出信号，通过控制电路使锥形转子电动机 1 瞬时转动，使输纸台自动上升。纸堆升高，压纸吹嘴的压纸位置也升高，使导杆 11 与微动开关 10 脱开，纸堆停止上升。这样就完成一次纸堆自动上升的动作。每次纸堆自动上升的高度可根据印刷纸张的厚度来进行调节，而纸堆每次自动上升的距离取决于电动机的电路接通时间。通过调整输纸机传动面防护罩前的时间继电器旋钮，即可改变电动机电路的接通时间。纸堆的快速升降是直接按动输纸机上的操作按钮来完成的。

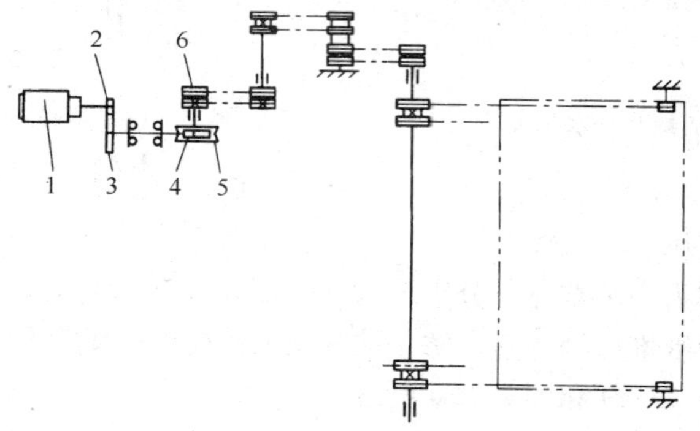

图 2—21　输纸台快速升降和自动上升机构
1—锥形转子电动机　2、3—齿轮　4—蜗杆　5—蜗轮　6—链轮

二、输纸台手动升降机构

打开输纸台快速升降电动机后罩小盖，将摇把插入电动机轴头上转动，利用快速升降传动链，可使输纸台手动升降，如图 2—22 所示。

图 2—22 快速升降电动机后端手动升降机构
1—手动传动轴 2—小盖 3—电动机

三、输纸台不停机续纸机构

高速印刷机在印刷过程中，为了减少停机时间，提高工作效率，在输纸台上设有不停机续纸机构，如图 2—23 所示。

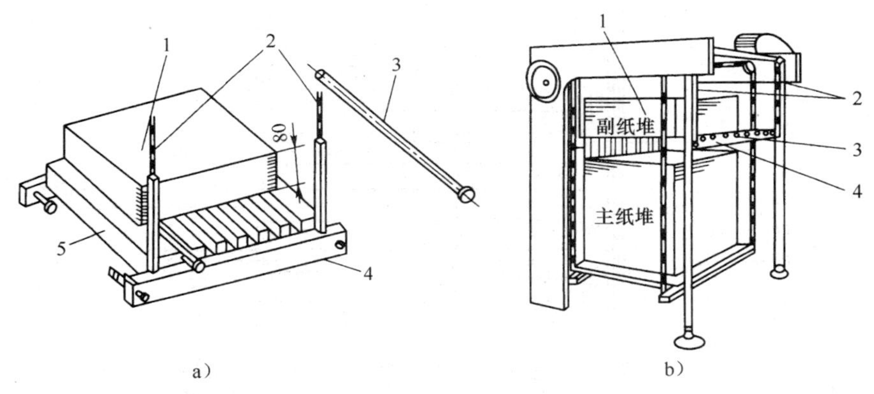

图 2—23 不停机续纸机构
1—纸堆 2—副纸堆链条 3—插棍 4—托架 5—主纸堆台

该机构由两个独立的电动机及两套传动装置分别控制主纸堆和副纸堆的运动。其工作过程如下：

1. 当主纸堆台 5 上的纸张不多时，将 14 根插棍 3 插入主纸堆台 5 的凹槽内。

2. 按副纸堆“上升”按钮，副纸堆插棍托架 4 慢慢上升，使其正好托起插棍 3，从而托起剩余的纸堆 1，再按副纸堆开关，由副纸堆自动输送纸张。

3. 按主纸堆“下降”按钮，放下主纸堆台 5 去装纸。

4. 按主纸堆“上升”按钮，当新纸堆面轻微顶住插棍 3 时，按动开关再转换到主纸堆的自动输纸。

5. 从中间向两边逐个拔出插棍 3，使副纸堆台上剩余的纸张与主纸堆台上的纸张重叠在一起，完成不停机续纸工作。

第三节　纸张输送机构

一、传送带式纸张输送机构

传送带式纸张输送机构一般由接纸辊、传纸轮、传送带装置、输纸板、导纸装置组成，主要用于国产平版印刷机上，如图 2—24 所示。

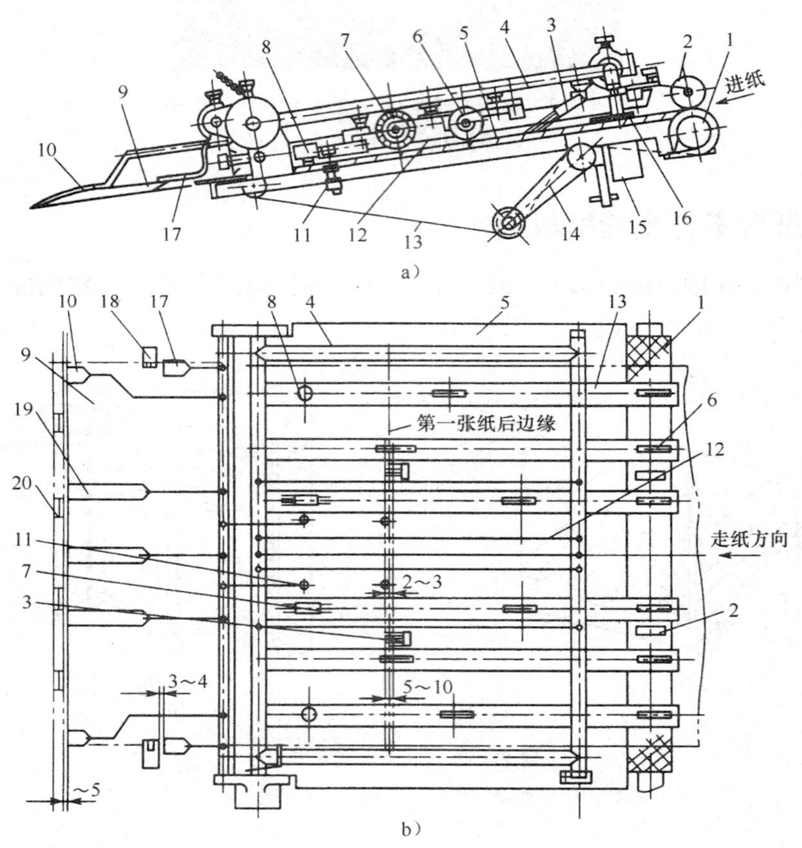

图 2—24　传送带式纸张输送机构的结构

a）正视图　b）俯视图

1—送纸辊　2—传纸轮　3—压纸毛刷　4—压纸框架　5—输纸板　6—压纸轮　7—压纸毛刷轮　8—压纸球　9—递纸牙台　10—压纸片　11—吸气嘴　12—杆　13—线带　14—张紧臂　15—阀体　16—卡板　17—侧规压纸片　18—侧规拉板　19—前压纸片　20—前规

1. 接纸辊和传纸轮的作用、工作原理和调节

（1）接纸辊和传纸轮的作用

接纸辊和传纸轮的作用是接过递纸吸嘴送出的纸张，靠接纸辊和传纸轮间的摩擦力将纸张送至线带辊和输纸板上。

（2）接纸辊和传纸轮的工作原理

如图 2—25 所示为一典型接纸轮机构。接纸辊连续转动，当凸轮 1 由高到低运动时，通过拉簧 4 的作用使摆杆 3 顺时针转动，摆杆 7 失去调节螺钉 5 的支持，在压簧 9 的作用下，摆杆 7 下摆使传纸轮 11 下摆传纸。当凸轮 1 由低到高运动时，经滚子 2 使摆杆 3（克服拉簧 4 的力）逆时针摆动，调节螺钉 5 推动摆杆 7 上摆（克服压簧 9 的力），从而使传纸轮 11 上摆让纸。

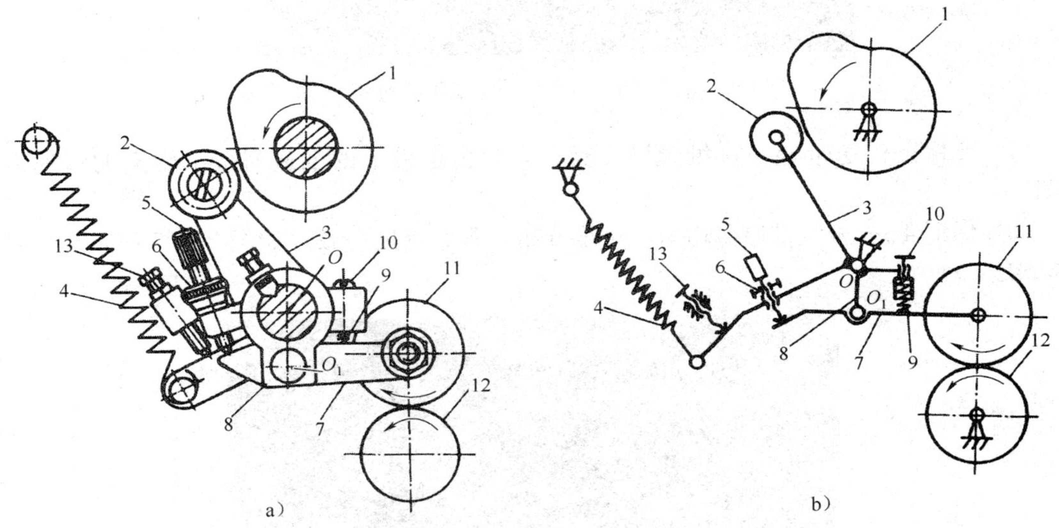

图 2—25 接纸辊和传纸轮机构

a）示意图 b）机构简图

1—凸轮 2—滚子 3、7—摆杆 4—拉簧 5、10、13—调节螺钉 6—锁紧螺母 8—座架 9—撑簧 11—传纸轮 12—接纸辊

（3）接纸辊和传纸轮的调节

1）调节要求。当纸张由递纸吸嘴送到接纸辊中心线时，摆杆上的滚子与传纸凸轮的最小半径相对应，传纸轮下落压纸，此时，调节螺钉 5 与摆杆 7 之间有 0.3 mm 的间隙；滚子 2 与凸轮 1 之间约有 0.15 mm 的间隙，如图 2—25 所示。接纸辊与接纸轮之间的压力应该合适，而且大小一致。

2）调节方法

①接纸时间的调节。如图 2—25 所示，粗调时，调节螺钉 13，使滚子 2 与凸轮 1 之间约有 0.15 mm 的间隙；微调时，调节螺钉 5，使其与摆杆 7 之间的间隙为 0.3 mm。

②传纸轮与接纸辊压力的调节。可调节传纸轮的压力调节螺钉 10，通过改变压簧 9 的压缩变形量来改变接纸轮与传纸辊的压力，如图 2—25 和图 2—26 所示。

2. 传送带装置的工作要求

传送带装置主要包括主动带辊、从动带辊、传送带和张紧轮。其工作要求如下：

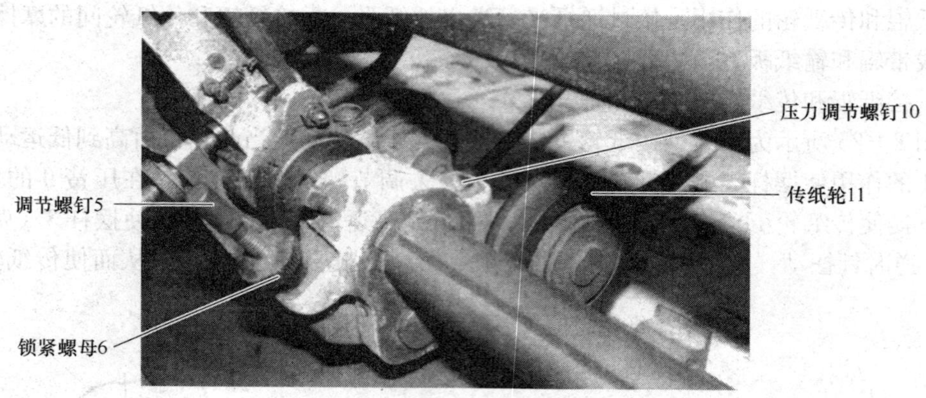

图 2—26　接纸辊和传纸轮的结构

（1）要保证传送带辊与接纸辊同步运行，即传送带上的纸速与接纸辊上的纸速应该相同。

（2）保证 4～6 根线带厚薄均匀，对称分布，张紧程度一致。如图 2—27 所示为线带张紧机构。

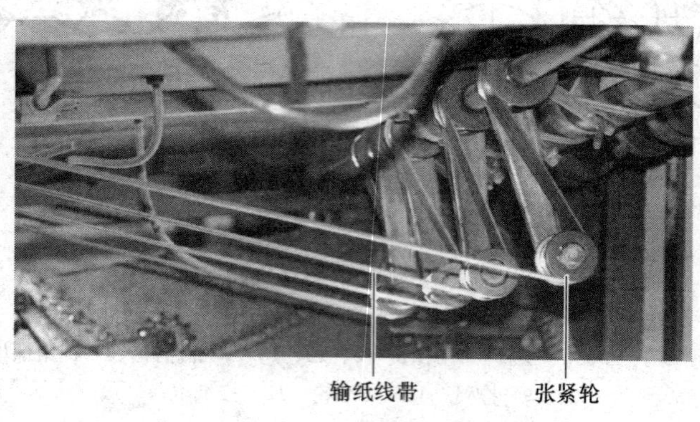

图 2—27　线带张紧机构

（3）为避免线带和带辊打滑，主动带辊表面应进行滚花处理。

3. 输纸板及导纸装置的作用、工作要求与调节

（1）输纸板

输纸板一般是一块光滑、平整的矩形木板（或金属板），板上环绕 4～6 根传送线带，从输纸机到主机向下倾斜一定的角度，倾角一般为 7°～17°。输纸板的后端装在主动线带辊轴上，可绕轴翻起。

输纸板上的压纸框架上装有压纸轮、毛刷、毛刷轮、压纸球和压纸片等机件，这些机件可以使纸张平稳、准确地到达定位装置。

（2）导纸装置

导纸装置包括压纸轮、毛刷、毛刷轮、压纸球和压纸片，其结构如图 2—28 所示。

1）压纸轮

图 2—28 导纸装置的结构

①作用。压纸轮的作用是压住输纸板上的纸张，配合线带将纸张平稳、匀速地输送到定位装置。

②工作要求。如图 2—29 所示，压纸轮成对出现，对称分布，必须压在线带中心线上，与线带平行，且所有压纸轮的压力大小一致。压力大小与纸张厚薄有关，印厚纸时，压力应该大一些；印薄纸时，压力则要小一些。最前一排压纸轮应该距定位纸张后边缘 2～3 mm，绝不可以压到第一张纸的边缘。压纸轮有时向外微微张开，以展平纸张。

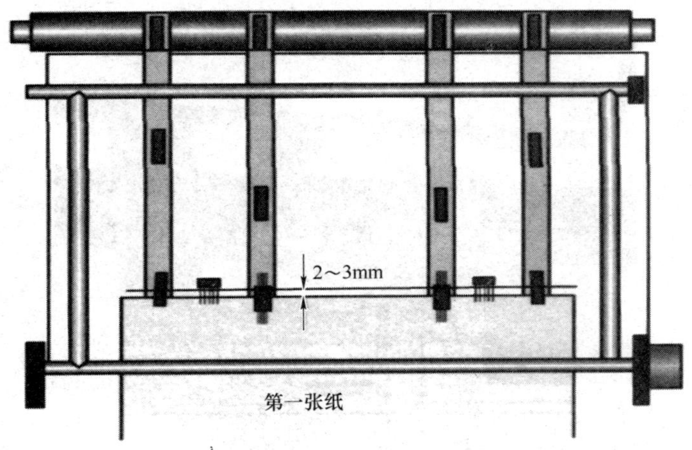

图 2—29 压纸轮、毛刷、毛刷轮的工作位置

③调节方法。如图 2—30 所示，调节压纸轮的前后位置时，松开其固定在轮架杆上的紧固螺钉 1，可以使压纸轮前后位置改变，调好后再拧紧螺钉 1。调节压力时，转动压纸轮上的压力调节螺钉 2，使压纸轮上的弹簧片变形，顺时针转动时，弹簧片变形量大，压纸力增大；逆时针转动时，弹簧片变形量小，压纸力减小。

图 2—30　压纸轮调节机构
1—紧固螺钉　2—调节螺钉

2）毛刷、毛刷轮、压纸球

①作用。毛刷、毛刷轮、压纸球的作用是防止纸张到达前规定位时的回弹和飘移，起稳纸作用，毛刷轮对第一张纸还有轻微的推送作用。

②工作要求。如图 2—31 所示，毛刷的位置以毛刷前端压住正在定位的纸张后边缘 5～10 mm 为宜；毛刷轮的切点正好处于第一张纸的后边缘。压纸球处于定位纸张的后半部分，在印刷厚纸时才使用。

③调节方法。毛刷轮和压纸球的调节方法与压纸轮相同，如图 2—31 和图 2—32 所示。

图 2—31　毛刷轮调节机构
1—紧固螺钉　2—调节螺钉

3）压纸片

①作用。压纸片的作用是防止纸张的拱翘和飘动，保证纸张以平整的状态顺利进入规矩部件进行定位。

②工作要求。压纸片要安装在前规处输纸板的上面，如图 2—24 所示。

4．纸张到达前规过早或过晚的调节

图 2—32 压纸球调节机构

1—紧固螺钉 2—调节螺钉

平版印刷机输纸装置和印刷主体装置之间是通过万向联轴器来传递动力的。在传动轴中间设有法兰盘，可用于调节纸张早到和晚到的故障，如图 2—33 所示。

（1）调节要求

1）当前规刚刚落下准备对纸张定位时，纸张的叼口部分距离前规 3～7 mm 为最佳。

2）调节前，先检查纸张到达前规时的情况。低速走纸，观察纸张到达前规的时间，如果太早或太晚，则需要调节。

（2）调节方法

先点动机器并使输纸离合器合上，开启风泵，使纸张被输送到输纸板上并抽掉前两张纸，当点动第三张纸到达输纸板上后，观察前规刚刚落到定位位置时立即停止点动。然后，松开法兰盘上的三个长孔紧固螺钉（见图 2—33），盘动输纸装置手轮（见图 2—34），使第三张纸在输纸板上移动，当纸张前缘移动至距前规挡板 3～7 mm 时，停止盘动手轮，接着装上三个紧固螺钉并拧紧。

图 2—33 法兰盘与万向联轴器

图 2—34 输纸装置盘动

二、真空吸气带式纸张输送机构

真空吸气带式纸张输送机构主要用于进口平版印刷机上，在真空吸气带式纸张输送机构中，输纸线带是带有许多小孔的尼龙胶织带。它利用吸气孔将纸张吸附在输纸线带上向前输送，如图 2—35 所示。

在图 2—35a 中，辅助吸气轮 7 可以保证输纸位置准确，吹气口 5 利用吹气时产生的负压保证纸张叼口部分能顺利进入前规。在印刷过程中，图 2—35b 中吸气室 12 的风量较大，不需调节，确保能吸牢纸张，吸气室 15 的风量较小，且可以根据印刷纸张的厚薄进行风量的调节。

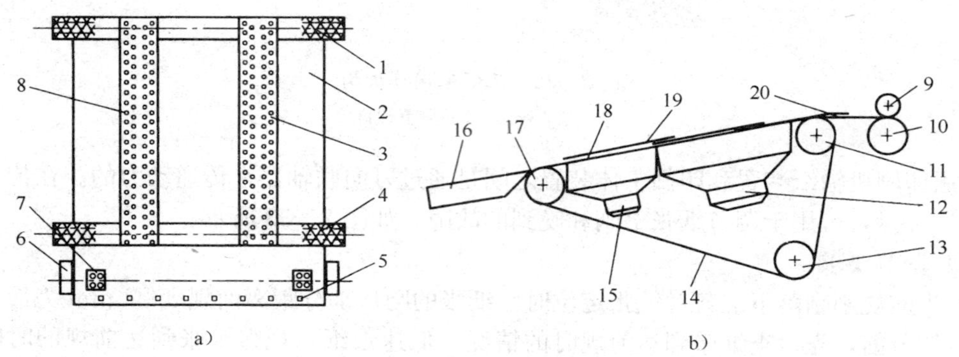

图 2—35 真空吸气带式纸张输送机构

a）平面图 b）输送图

1、10、11—驱动辊 2、18—输纸台 3—送纸带 4—线带辊 5—吹气口 6—侧规 7—辅助吸气轮 8—吸气带孔 9—压纸轮 12、15—吸气室 13—张紧轮 14—输送带 16—侧规板台 17—传送带辊 19—纸张 20—过纸板

第四节 双张控制器与气路系统

双张控制器的作用是防止双张或多张进入滚筒，避免压坏橡皮布和滚筒表面。双张控制器种类繁多，以机械式双张控制器和光电式双张控制器最为常见，机械式双张控制器又分为摆动式双张控制器和固定式双张控制器。机械式双张控制器是根据单纸张和双张纸厚度的不同来进行检测的。光电式双张控制器是根据单纸张和双张纸透光率的不同来进行检测的。

一、机械式双张控制器

1. 摆动式双张控制器的原理与调节

（1）摆动式双张控制器的原理

如图 2—36 所示，当偏心轮 5（低面→高面）转动，经滚子 16、摆杆 9、滑座 13、调节螺钉 14、使摆杆 2 顺时针摆动，检测轮 3 上抬让纸；当偏心轮 5（高面→低面）转动，在拉簧 4 作用下，摆杆 9 左摆，摆杆 2 失去调节螺钉 14 的作用逆时针摆动，使检测轮 3 下摆对纸张的厚度进行检测。摆动式双张控制器的结构如图 2—37 所示。

（2）摆动式双张控制器的调节

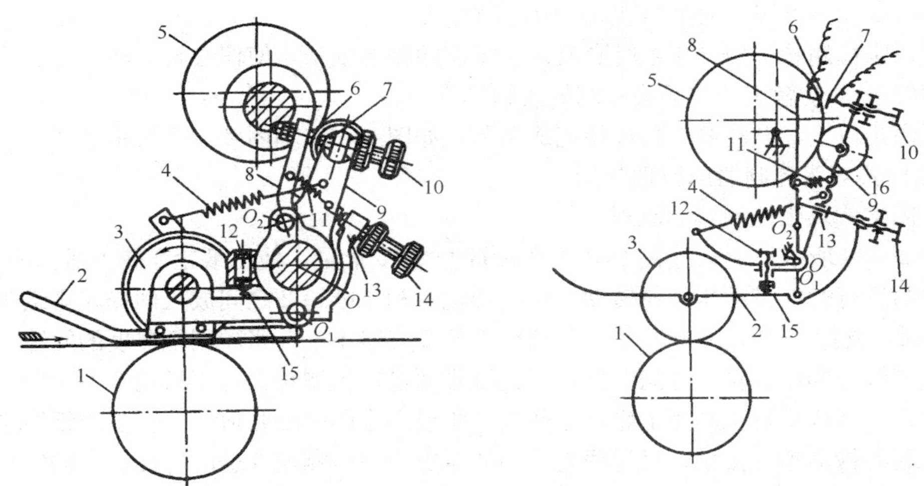

图 2—36 J2018 型印刷机摆动式双张控制器的结构

1—送纸轴（有的机器是线带轴） 2—摆轩 3—检测轮（压纸轮） 4、11—拉簧 5—凸轮 6、7—触头 8、9—摆杆 10—调节螺钉（触头间隙大小） 12—调节螺钉（压纸轮与送纸轴压力大小） 13—滑座 14—调节螺钉 15—压簧 16—滚子

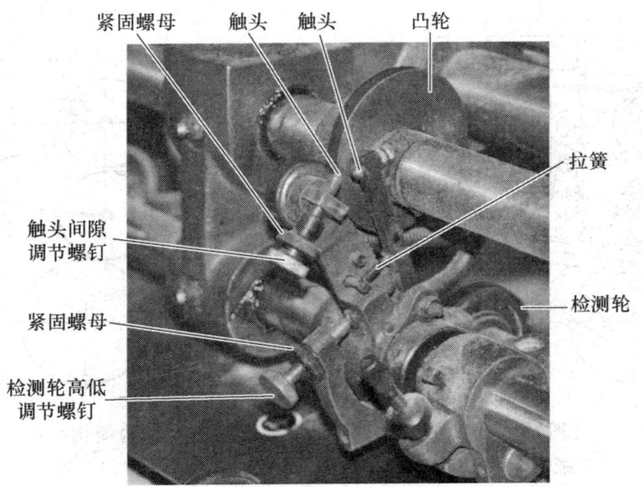

图 2—37 摆动式双张控制器的结构

1）调节要求

①正常输纸时，双张检测器两触头 6、7 不接触。

②当出现双张或多张时，双张检测器两触头 6、7 接触，发出信号停止输纸。

2）调节方法

①取两张需要印刷的纸张放入双张检测轮下，使偏心轮 5 转到低点位置，检测轮 3 下落压纸，调整调节螺钉 12，使检测轮 3 的压力产生的摩擦力能带动检测轮转动为宜。

②在双张检测轮下面（压纸时）放入两张需印刷的纸张，使偏心轮 5 转到低点位置，调

整调节螺钉 10，使触头 7 刚好不与触头 6 接触。

③在双张检测轮下面（压纸时）放入三张需印刷的纸张，使偏心轮 5 转到低点位置，调整调节螺钉 10，使触头 7 与触头 6 刚好接触。

同时满足以上②、③两个条件便完成调节，如图 2—36 和图 2—37 所示。

2. 固定式双张控制器的原理与调节

（1）固定式双张控制器的原理

如图 2—38 所示，扳动挂板 15，改变拉簧 11 的变形量，使压纸轮 2 获得适当的压纸力，使纸张向前运行时能带动压纸轮转动。在线带辊 1 和压纸轮 2 之间放入两张印刷纸张，拧动螺母 6，通过支撑杆 10，使检测轮 3 距离压纸轮 2 有略小于一张印刷纸厚度的间隙。当正常输纸时线带辊 1 和压纸轮 2 之间有两张印刷纸张通过，检测轮 3 与压纸轮 2 不接触，双张控制器不工作。当线带辊 1 和压纸轮 2 之间有 3 张或多张印刷纸张通过时，由于纸厚增大，压纸轮 2 抬起与检测轮 3 接触，通过两轮之间的摩擦力使检测轮 3 逆时针旋转，固定在检测轮 3 上的销子 4 压动压簧 9 与微动开关 8 接触，发出信号使输纸离合器分开，停止输纸。

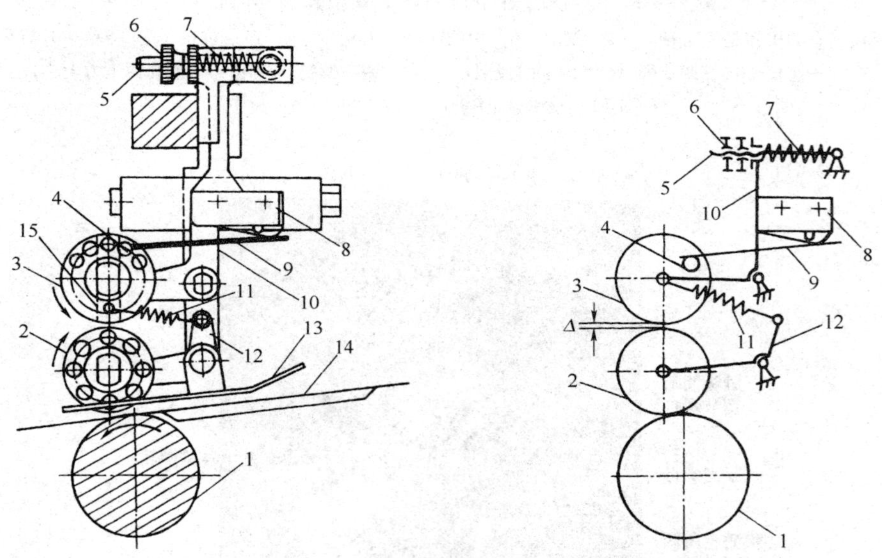

图 2—38　固定式双张控制器结构图和机构简图

1—线带辊　2—压纸轮　3—检测轮　4—销子　5—螺杆　6—螺母　7—撑簧　8—微动开关
9—压簧　10—支撑杆　11—拉簧　12—摆杆　13—压片　14—纸张　15—挂板

（2）固定式双张控制器的调节

1）在线带辊 1 和压纸轮 2 之间放入两张印刷纸张，改变挂板 15 的位置，从而改变拉簧 11 的变形量，使压纸轮 2 获得适当的压纸力，产生的摩擦力使纸张向前运行时能带动压纸轮转动。

2）在线带辊 1 和压纸轮 2 之间放入两张印刷纸张，拧动螺母 6，通过支撑杆 10，使检测轮 3 与压纸轮 2 之间有略小于一张印刷纸厚度的间隙。

二、光电式双张控制器

如图 2—39 所示，光电式双张控制器由光源 1、光电元件 3、电子线路 4 和电流继电器 5 组成。光源装在纸张上方，靠透过纸张的光强度来检测双张。调节时，根据输送纸张的透光率确定电子线路中有关参数。正确输纸时，线路的输出端无电流通过，电流继电器 5 不工作，一旦有双张通过，光电元件接收到的光强度减弱，电子线路 4 中的参数发生变化，使输出端有电流产生，电流继电器 5 发出双张信号，输纸离合器打开，停止输纸。

光电式双张控制器具有体积小、质量轻、使用方便、不污损图文等优点。但它对颜色的敏感性强，在彩色印刷中有时不易调节，而且一旦环境亮度发生变化，光源和光电元件上沉积有灰尘、纸毛和墨点时，检测灵敏度便降低。

在输纸板前部还装有安全杠，主要用以防止杂物和多张纸进入滚筒，造成设备故障。

三、叶片式气泵的工作原理

现代单张纸平版印刷机都设有气路系统，其作用是为输纸装置提供吹气和吸气气源，配合分纸机构分离纸张；为收纸装置的减速机构与喷粉装置提供吸气与吹气气源，配合收纸装置收纸。

1. 叶片式气泵的基本构成

叶片式气泵主要由泵体 1、转子 2 和叶片 3 组成。泵体上有进气口 4、排气口 5、补气口 6；转子 2 偏心配置在泵体内，与泵体内壁形成月牙形空间，且转子上开有若干条径向槽，在槽中装有叶片 3，如图 2—40 所示。

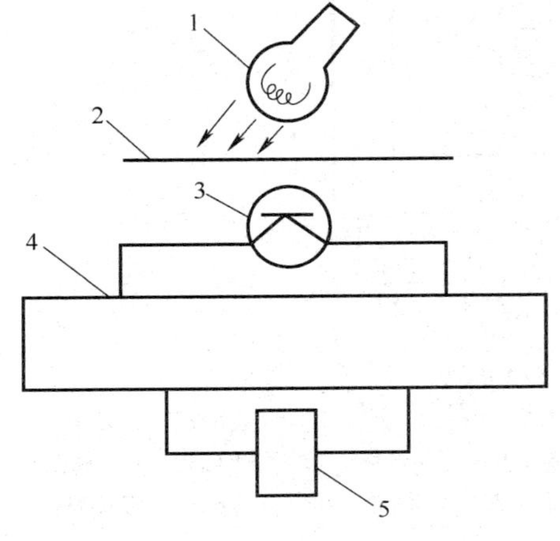

图 2—39 光电式双张控制器

1—光源 2—纸张 3—光电元件

4—电子线路 5—电流继电器

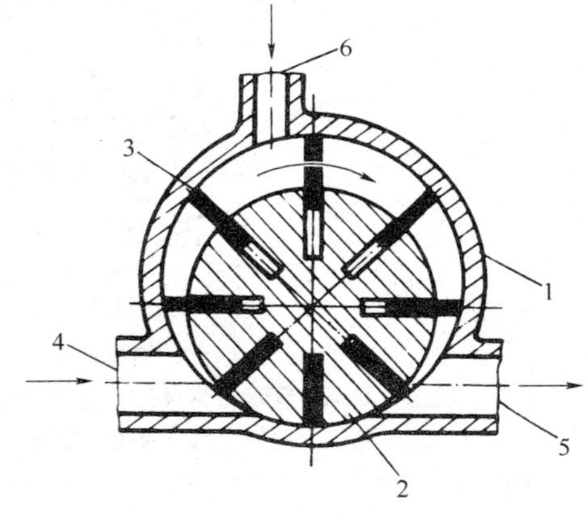

图 2—40 叶片式气泵

1—泵体 2—转子 3—叶片 3

4—进气口 5—排气口 6—补气口

2. 叶片式气泵的工作原理

当电动机带动转子 2 转动时，转子 2 中的叶片 3 在离心力作用下沿径向槽甩出，紧贴于泵体内壁，将月牙形空间分成若干扇形气室，转子转一周，各个气室的容积依次由小变大，气室内压强逐渐变小，与小气室相通的进气口 4 向内吸气；当气室容积达到最大时，由于里面气压小于大气压，与其相通的补气口 6 进气补充气源；气室由大变小时，由于气室内气压大于大气压，与小气室相通的排气口 5 向外排气。随着转子的不断旋转，进气口 4 不断吸气，排气口 5 不断吹气，如图 2—40 所示。

四、气路控制系统

1. 气路连接形式

如图 2—41 所示为叶片式气泵气路系统。电动机带动气泵 1 转动，进气室 5 经过空气滤清器 3 与吸气管 4 相通，2 为吸气气压调节阀。排气室 6 经过滤清器 7 与吹气管 8 相通，9 为吹气气压调节阀。吸气管 4 与吸气分配阀 11 相接，吹气管 8 与吹气分配阀 10 相接。吹气分配阀 10 与压纸吹嘴 12 和松纸吹嘴 13 相接；吹气分配阀 11 与分纸吸嘴 14 和递纸吸嘴 15 相接。补气室 24 经空气滤清器与吸气管 25 相接，补气室 24 又与收纸减速器 16 相接。

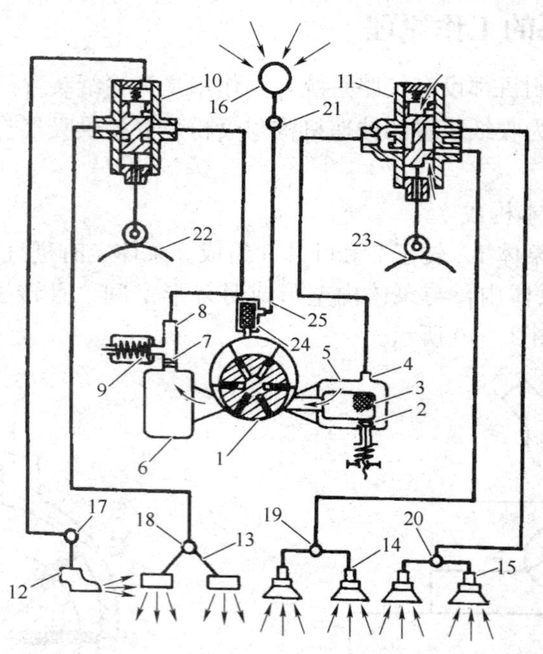

图 2—41 叶片式气泵气路系统

1—叶片式气泵 2、9—气压调节阀 3—空气滤清器 4—吸气管 5—进气室 6—排气室 7—滤清器 8—吹气管 10—吹气分配阀 11—吸气分配阀 12—压纸吹嘴 13—松纸吹嘴 14—分纸吸嘴 15—递纸吸嘴 16—收纸减速器 17、18、19、20、21—气量调节阀 22、23—凸轮 24—补气室 25-吸气管

2. 几种气阀的作用

(1) 气压调节阀 2、9 用于调节气室的气压，如图 2—41、图 2—42 所示。

(2) 吹气分配阀 10 和吸气分配阀 11 用于控制吹气、吸气的时刻及时间长短，如图 2—41、图 2—43 所示。

(3) 气量调节阀 17、18、19、20、21 用于调节各个吹嘴、吸嘴的气量大小，如图 2—41、图 2—44 所示。

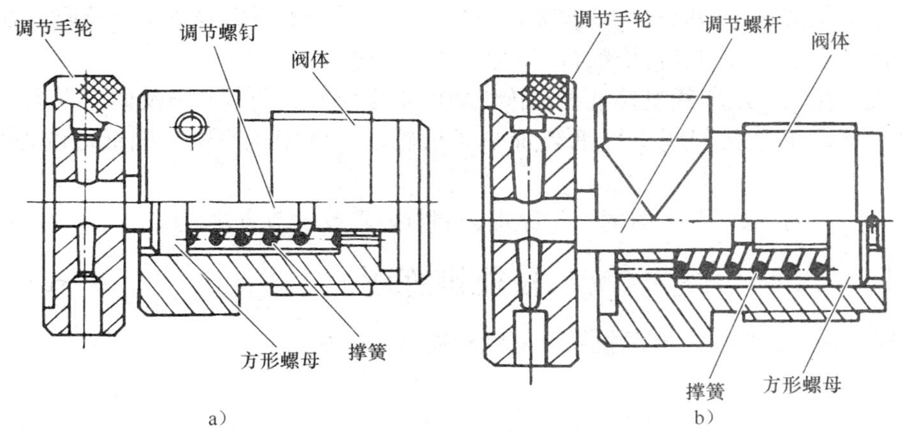

图 2—42 气压调节阀

a）吸气气压调节阀 b）吹气气压调节阀

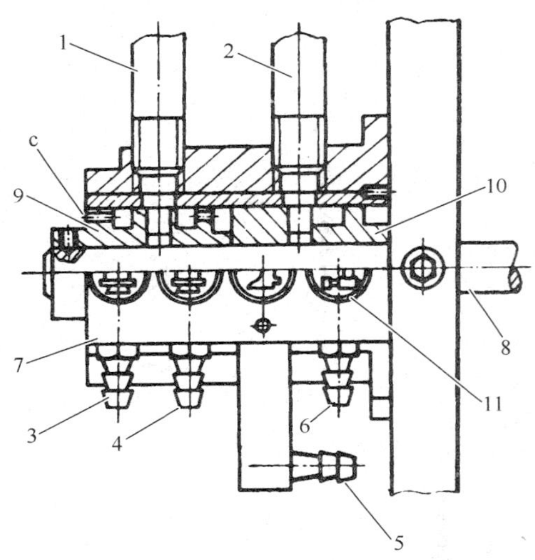

图 2—43 气体分配阀

1—吸气管 2—吹气管 3—分纸吸嘴 4—递纸吸嘴 5—压纸吹嘴 6—松纸吹嘴 7—气体分配阀 8—转轴 9—吸气分配阀 10—吹气分配阀 11—吹、吸嘴标识

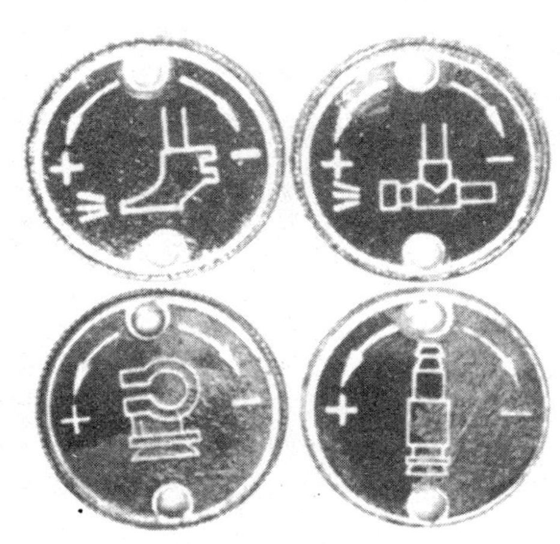

图 2—44 气量调节阀

思考练习题

1. 简述纸张的分离及输送过程。
2. 纸张分离时，纸堆的高低位置是由哪个机件控制的？纸堆高度应怎样调节？
3. 简述单张纸平版印刷机分纸吸嘴的作用、工作原理、调节要求及调节方法。
4. 简述单张纸平版印刷机压纸吹嘴的作用、工作原理、调节要求及调节方法。
5. 简述单张纸平版印刷机前挡纸牙的作用、工作原理、调节要求及调节方法。

6. 简述单张纸平版印刷机松纸吹嘴、分纸毛刷、后挡纸板的调节要求及调节方法。

7. 简述单张纸平版印刷机堆纸台自动上升的工作原理。

8. 简述单张纸平版印刷机接纸辊和传纸轮的工作原理、调节要求及调节方法。

9. 简述单张纸平版印刷机导纸装置中压纸轮、毛刷轮、毛刷、压纸球的作用及工作要求。

10. 简述固定式双张控制器的工作原理、调节要求及调节方法。

技能训练题

分组调节输纸装置中的相关机件，能顺利输纸 500 张。

第三章　定位与递纸装置

学习目标

了解前规、侧规的工作原理，熟悉前规、侧规的调节方法，了解偏心摆动式递纸机构的工作原理，了解递纸牙与压印滚筒及前规的交接时间和交接位置的调节方法与要求，了解递纸牙叼力的调节方法与要求，了解递纸牙牙垫与压印滚筒表面及给纸铁台间隙的调节方法及要求；能根据定位装置中各组成部分的调节要求调节定位装置，能分析和排除常见的定位故障，能分析简单的递纸故障，并能在教师指导下排除简单的递纸故障。

第一节　前　　规

一、上摆式前规的工作原理与调节

1. 上摆式前规的工作原理

如图 3—1 和图 3—2 所示，凸轮在高点静止弧与滚子接触时，前规处于定位位置。当凸

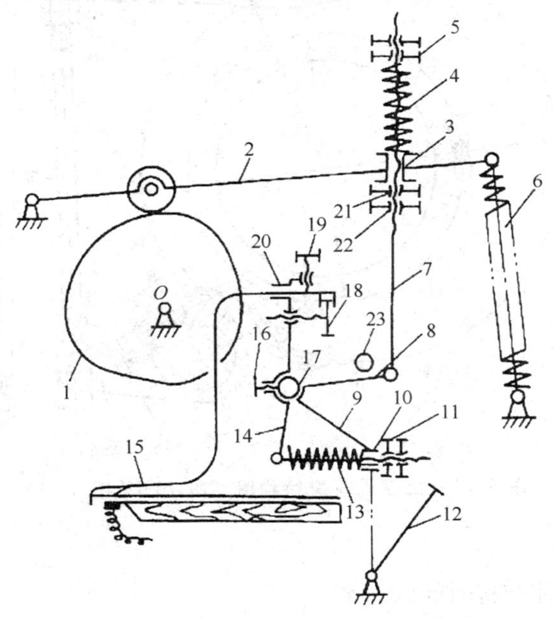

图 3—1　上摆式前规机构简图

1—凸轮　2、8、9、14—摆杆　3—滑动套　4、13—压簧　5—调节螺母（调节压簧 4 的松紧）　6—拉簧　7—连杆　10—活套　11—调节螺母　12—摆杆（使前规不抬起）　15—前规定位板　16、19—紧固螺钉　17—前规轴　18—调节螺钉（调节前挡规前后位置）　20—座架　21—调节螺母（改变连杆 7 的高度）　22—调节螺母 21 的紧固螺母　23—偏心定位销

轮 1 由高点转向低点时，在拉簧 6 的作用下，摆杆 2 下摆，滑动套 3 作用于螺母 21，使连杆 7 一起向下，推动摆杆 8、9 绕前规轴 17 顺时针转动，并经活套 10、压簧 13 使 14 摆动，从而使前规轴 17 顺时针转动，固定在前规轴上的座架 20 连同前规定位板 15 顺时针上抬至让纸位置；当凸轮 1 由低点转向高点时，摆杆 2 上摆，滑动套 3 挤压压簧 4，经调节螺母 5 使连杆 7 一起向上，带动摆杆 8、9 绕前规轴 17 逆时针转动，经活套 10、调节螺母 11、压簧 13 使摆杆 14 摆动，从而使前规轴 17 逆时针转动，固定在前规轴上的座架 20 连同前规定位板 15 逆时针下摆至定位位置。

偏心定位销 23 用于控制摆杆 8 上摆的最大高度，使凸轮在高面运行时前规处于静止定位状态，保证定位的准确性。

摆杆 12 由滚筒离合机构自动控制，在正常工作时，摆杆 12 在图示位置，前规可以自由摆动。当发生空张、纸张歪斜等故障时，电路接通，电磁铁使摆杆 12 向左摆动，顶在活套 10 的下边，摆杆 9 不能摆动，前规就不能上抬让纸。

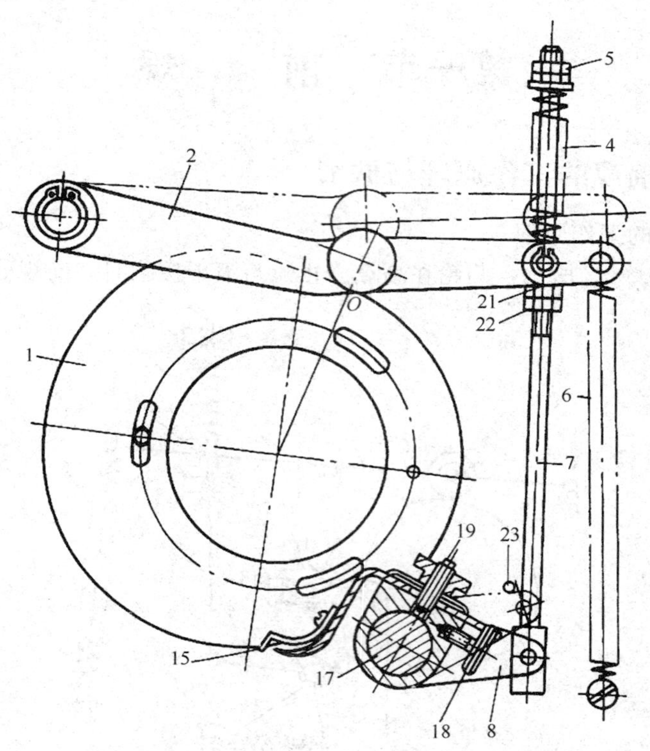

图 3—2　上摆式前规结构图（图注参见图 3—1）

2. 上摆式前规的调节

（1）前规与递纸叼牙交接时间的调节

1）调节要求。当压印滚筒的刻度转到 77°时，递纸叼牙到达前规处接纸。当压印滚筒刻度转到 74°时，前规定位完成开始抬起，交接时间为 3°。

2）调节方法。通过改变递纸轴轴端凸轮的周向位置调节交接时间。如图 3—3 所示，松开凸轮上的三个紧固螺钉，调节凸轮的周向位置，符合调节要求后再拧紧三个紧固螺钉。

图 3—3　前规凸轮与齿轮的固定

（2）上挡规高低位置的调节

1）调节要求

①一般前规的上挡规应与给纸铁台保持三张印刷用纸的厚度（厚纸为 1 张纸＋0.2 mm）的间隙。间隙过小会阻碍纸张的传输定位；间隙过大则会使纸边卷曲。

②如图 3—1 所示，调节螺母 21 与滑动套 3 在前规定位时应有 0.1 mm 的间隙，间隙不能太大，太大会增加定位时间。

2）调节方法。松开固定前规座架的两个带有长孔的紧固螺钉，用手扶着前规调节其高低，符合调节要求后再拧紧紧固螺钉，如图 3—4 所示。

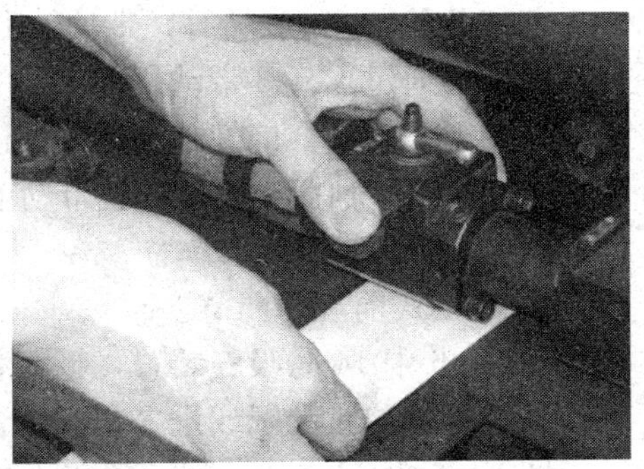

图 3—4　J2108 型印刷机前规上挡规高低的调节

（3）前挡规前后位置的调节

1）调节作用。前挡规前后位置的调节可以改变图文在纸张上的前后位置，递纸牙咬纸的量也会随之改变。前后调节常用于当印版需做圆周方向微量调节或者拉动印版不方便时，但必须保证递纸叼牙叼纸量为 4～6 mm，过多会导致咬烂纸现象；过少会导致咬不牢，出现重影、套印不准、皱纸等现象。

2）调节方法。松开紧固螺钉 19，拧动调节螺钉 18，便可使前规定位板 15 前后移动，调节完毕再锁紧手柄，如图 3—1 和图 3—5 所示。

3）调节原则。前后位置的调节原则是尽可能不调或少调，以保证滚筒叼牙的咬纸距离两边相等。

a）

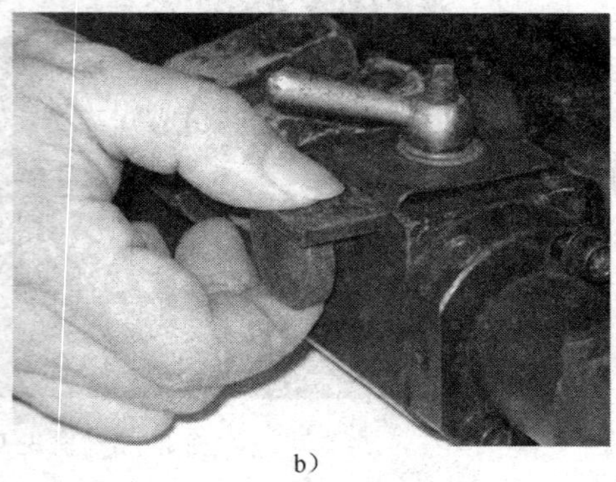

b）

图 3—5　前规定位板前后位置的调节

a）松开前规定位板手柄　b）调节前规定位板前后位置

二、下摆式前规的工作原理与调节

1. 下摆式前规的工作原理

如图 3—6 所示，前规定位板 22 和挡纸舌 24 由螺钉 23 固连在一起，并在输纸板的下面绕 O 轴转动。拉簧 13、18 分别为凸轮 1、2 的封闭弹簧，19 为前规的定位靠塞，保证前规每次定位的位置。

前规凸轮轴 O_2 旋转时，带动轴上的两个凸轮 1、2 不停地旋转，凸轮 1 推动滚子 3 使摆杆 4 摆动，通过连杆 8 带动摆杆 17、挡纸舌 24 及定位板 22 绕 O 轴摆动，实现下摆式前规定位板的上下摆动。前规凸轮轴 O_2 上的凸轮 2 推动滚子 5 使摆杆 9 绕 O_1 轴摆动，从而使前规轴 O 绕 O_1 轴摆动，这样就带动前规（挡纸舌）上下运动，完成挡纸舌下降时对纸张高度的限定。

2. 下摆式前规的调节

图 3—6 中 14 为吸气装置，吸气装置的作用：当出现输纸故障时，吸气管吸住第一张定好位的纸张，防止乱纸或进入印刷装置。吸气管距离输纸板约 0.2 mm。

图 3—6 中 11、12、16 三个调节螺钉用来调节 O_1 轴的空间位置，从而改变挡纸舌与输纸板之间的间隙，以适应不同厚度的纸张。螺钉 11、12、16 均安装在 O_1 轴的端部，在机器的两侧调节，故操作方便。

螺钉 23 用来调节挡纸舌和定位板的相对位置，从而确定定位板的定位位置。

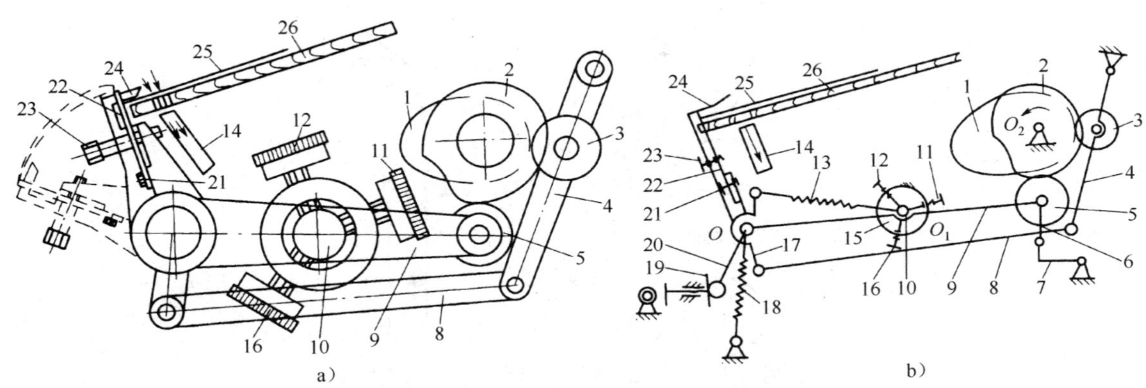

图 3—6 下摆式前规机构简图

a）结构 b）工作原理

1、2—凸轮 3、5—滚子 4、9、17—摆杆 6、7、20—杆 8—连杆 10—轴 11、12、16—调节螺钉 13、18—拉簧 14—吸气装置 15—套 19—靠塞 21、23—螺钉 22—定位板 24—挡纸舌 25—纸张 26—输纸板

第二节 侧 规

一、滚轮旋转式拉规的工作原理与调节

国产单张纸平版印刷机常采用滚轮旋转式拉规。

1. 滚轮旋转式拉规的工作原理

（1）拉规的固定

如图 3—7 和图 3—8 所示，拉规安装在两根轴上，传动轴上装有凸轮 19 和齿轮 22，通过平键与轴连接，它们在轴上的位置由侧规座体 18 控制。在侧规固定轴 16 上套有套筒座 17，它可连同整个侧规在移动后用螺杆上端的手柄 9 固定。

（2）拉纸轮的旋转运动

如图 3—7 和图 3—8 所示，齿轮 22 旋转带动齿轮 23，齿轮 23 与锥齿轮 24 连接在一起，故锥齿轮 24 也获得转动且带动锥齿轮 25 旋转，使拉纸轮 26 获得旋转运动。

（3）压纸轮的上下摆动

如图 3—7 和图 3—8 所示，凸轮 19 经滚子 21 使摆杆 14 绕支点 O 往复摆动，摆杆 14 伸出的摆臂上固定着一压纸轮 2，所以压纸轮随着摆杆 14 的摆动而上下摆动，压簧 12 使滚子 21 和凸轮 19 表面接触。拉纸时，压簧 12 又使压纸轮 2 和拉纸轮 26 获得接触压力。

2. 滚轮旋转式拉规的调节

（1）侧规拉纸时间的调节

在前规对纸张定位后，侧规才开始拉纸，此时压纸轮应下落与拉纸轮接触。拉纸时间的调节方法有以下三种：

1）左右两个侧规同时调节。在传动轴 I 的传动面外侧，轴的端头上装有一个法兰盘，该机件的端面上有三个螺孔，通过三个螺孔与一传动齿轮连接，齿轮上有长孔，改变该齿轮

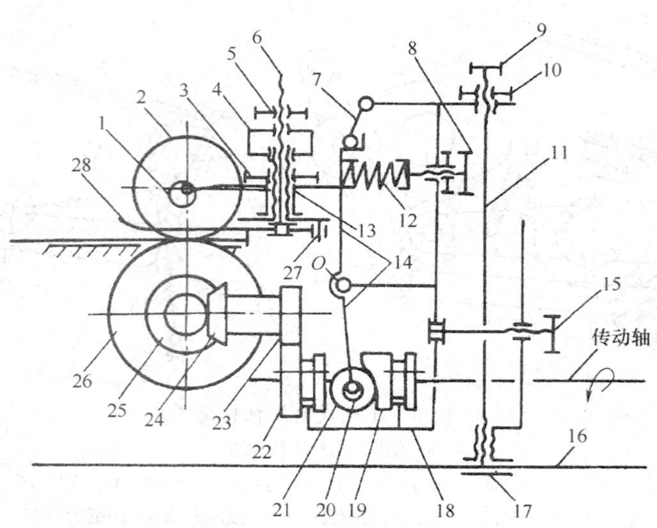

图 3—7 侧规机构简图

1—压纸轮的偏心装置 2—压纸轮 3、5、10—锁紧螺母 4—调节螺母（调节上挡规高低位置） 6、11—螺杆 7—锁紧偏心装置（使侧规压纸轮不下落）8—调节螺钉（调节压纸轮与拉纸轮的压力） 9—手柄（固定整个侧规在轴 16 上的位置）12—压簧 13—有外螺纹的套筒 14—摆杆 15—调节螺钉（侧规轴向微调）16—侧规固定轴 17—套筒座 18—侧规座体 19—凸轮 20—滚子的偏心装置 21—滚子 22、23—齿轮 24、25—锥齿轮 26—拉纸轮 27—侧规 28—上挡规

图 3—8 侧规在固定轴和传动轴上的位置（仰视图）

与轴的圆周相对位置，就可以改变侧规拉纸的时刻，使左右侧的两个侧规得到同步调节。

2）单个侧规的粗调。松开凸轮上的固定螺钉，调节凸轮与轴圆周的相对位置，就可以使拉纸时刻得到较大的调节，如图 3—9 所示。

3）单个侧规的微调。通过调节偏心轴的偏心位置来调节拉纸时间。微调的实质是在压纸轮下落与拉纸轮接触后，改变滚子与凸轮轮廓低点的间隙，如图 3—10 所示。间隙大，压纸轮落得早，抬得晚；反之，则压纸轮落得晚，抬得早。

a）

b）

图 3—9　单个侧规的粗调
a）松开侧规拉纸时间柱形凸轮的紧固螺钉
b）用专用工具转动柱形凸轮可大范围调节侧规拉纸时间

a）

b）

图 3—10　侧规拉纸时间的微调
a）松开偏心滚子调节螺钉的紧固螺母
b）用专用工具拧动调节螺钉可微量调节侧规拉纸时间

（2）挡纸定位板工作位置的调节

如图 3—7 所示，挡纸定位板与摆杆 14 固定在一起，故它与压纸轮 2 同时上下摆动。

1）侧规定位挡板与前规定位板垂直度的调节。如图 3—7 所示，侧规定位板 27、28 与螺杆 6 相连接，并滑套在套筒 13 内，由调节螺母 4、锁紧螺母 5 固定在一起，套筒 13 又装于摆杆 14 的孔中，由锁紧螺母 3 锁紧。松开锁紧螺母 3，可以使相互固定在一起的 4、5、6、27、13 和 28 在摆杆 14 的孔内转动，使侧板与前规定位板的垂直关系得到调节。侧规定位挡板与前规定位板垂直度的调节如图 3—12 所示。

2）侧规上挡规与输纸台距离的调节。如图 3—7 所示，上挡规 28 的下平面与输纸台之间的间隙以印刷纸厚度的 3 倍左右为宜。调节时松开锁紧螺母 5，转动调节螺母 4，使螺杆 6 带动上挡规 28 在有外螺纹的套筒 13 内移动，以改变上挡规与输纸台的间隙。由于调节螺母 4 与套筒 13 相连接部分的螺距较大，与螺杆 6 连接部分的螺距较小，故在转动螺母时，利用两个螺纹的差动进行调节。当螺母转动一周时，上挡规高度方向的移动量为两螺距之差。侧规上挡规与输纸台距离的调节如图 3—13 所示。

图 3—11　J2108 型印刷机侧规

图 3—12　侧规定位挡板与前规定位板垂直度的调节

a）松开侧规定位板锁紧螺母　b）用工具调节侧规定位板的工作角度

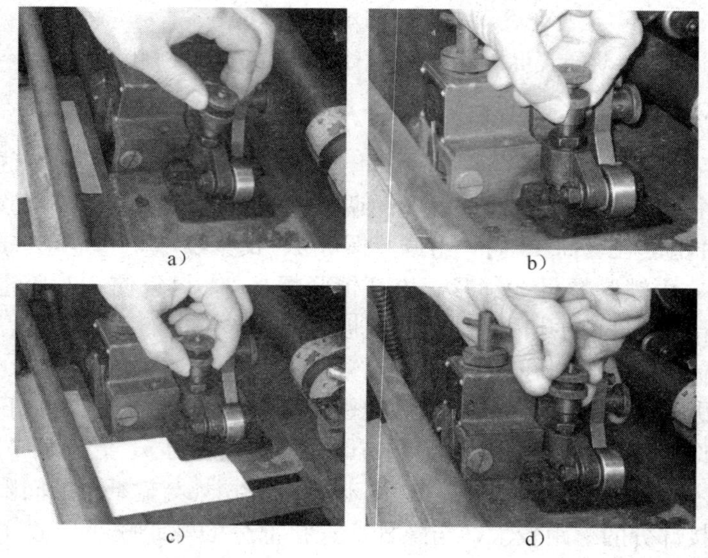

图 3—13　侧规上挡规与输纸台距离的调节

a）松开锁紧螺母　b）拧动调节螺母可调节侧规上挡纸板的高低位置

c）用检测纸片检测侧规上挡纸板的工作位置　d）拧紧锁紧螺母

（3）拉纸力的调节

松开调节螺钉 8 前面的锁紧螺母，旋转螺钉 8 可改变压簧 12 的压缩变形量，从而可得到不同的拉纸力，如图 3—7 和图 3—14 所示。

a）

b）

图 3—14　侧规拉纸力的调节位置

a）拧动调节螺钉可增大或减小侧规拉纸力　b）如需大幅改变拉纸力可更换压簧

（4）侧规工作位置的调节

1）整体调节。松开锁紧螺母 10，用手柄 9 旋松螺杆 11，改变套筒座 17 在固定轴 16 上的轴向位置，使侧规在左右方向得到较大的调整，如图 3—7 和图 3—15 所示。

a）

b）

图 3—15　侧规工作位置的调节（整体调节）

a）拧松套筒座锁紧螺母　b）用手推（拉）可大范围调整侧规轴向位置

2）轴向微调。如图 3—7 和图 3—16 所示，转动调节螺钉 15，使侧规座体 18 与固定轴 16 做相对移动来微量调节侧规的轴向位置。侧规最大拉动量为 12 mm，正常情况下，侧规的挡纸定位板距纸侧边以 5～8 mm 为宜。

3）侧规停止工作的调节。如图 3—7 和图 3—17 所示，侧规共有两个，左右对称安装，但印刷时只用一个，另一个应停止工作。可通过锁紧偏心装置 7 来推动摆杆 14，使拉纸球上抬不与拉纸轮接触。

图 3—16 侧规工作位置的调节（轴向微调）

图 3—17 侧规停止工作的调节

二、拉板移动式侧拉规的工作原理与调节

海德堡 Speedmaster 102 系列印刷机常采用这种侧规。

1. 拉板移动式侧拉规的工作原理

（1）拉板的移动原理

如图 3—18 所示，在前规凸轮轴上安装了圆柱槽形凸轮 1，凸轮 1 随着凸轮轴连续旋转，推动滚子使摆杆 2 绕轴 O_5 摆动。摆杆 2 上的拨块 3 安装于托板 4 的槽中，拨动托板 4 使其左右移动。由于拉板 6 与托板 4 用螺钉 5 固连在一起，因此带动拉板 6 完成拉纸动作。

（2）压纸轮的上下摆动原理

如图 3—18 所示，拉板 6 上方的压纸轮 8 的上下摆动是由安装于轴 O_1 上的摆杆 12 和鼓形滚子 11 的摆动来实现的（见图 3—18 中 A 向视图）。当安装于前传纸滚筒轴端的凸轮 19 的曲面由低点转向高点时，经滚子 18 使摆杆 17 绕轴 O_3 做逆时针摆动，带动连杆 16 克服撑簧 15 的作用力使摆杆 12 绕轴 O_1 顺时针摆动，滚子 11 下摆压在摆杆 10 的尾端，迫使摆杆 10 带动压纸轮 8 绕轴 O 逆时针摆动，即上抬让纸。此时拉板 6 应向左移动（回程）。当凸轮 19 的曲面由高点转向低点时，在撑簧 15 的作用下，连杆 16 使摆杆 12 绕轴 O_1 做逆时针摆动，滚子 11 上抬，摆杆 10 在压簧 25 的作用下绕轴 O 顺时针摆动，带动压纸轮 8 下摆压纸。此时，拉板 6 右移，在压纸轮 8 和拉板 6 的共同作用下，拉纸至挡纸板 7，完成侧规对纸张的定位。

2. 拉板移动式侧拉规的调节

如图 3—18 所示，压纸轮 8 安装于偏心轴 9 上，转动偏心轴 9 可以改变压纸轮 8 和拉板 6 之间的间隙，以适应不同厚度的纸张。压纸轮 8 的压纸力的大小可以通过螺钉 23 来调节。调节时，先松开螺母 24，旋转螺钉 23，改变压簧 25 的压缩量，即可调节压纸轮 8 的压纸力的大小，然后再锁紧螺母 24。拉纸时间的长短是通过调节螺钉 20 来实现的。转动螺钉 20，可以微调压纸轮 8 下落压纸时摆杆 13 的角度，由于摆杆 13 与摆杆 10 固连在一起，这样就可控制压纸轮 8 开始拉纸的时刻。侧规的工作状态是通过调节螺钉 21 来控制的。向下转动螺钉 21，压缩弹簧并转动 90°，使其卡在侧规体 26 上不再上抬，此时螺钉 21 顶住摆杆 13，当压纸轮 8 下摆时不再压纸，侧规体停止工作。当需要侧规工作时，只要把螺钉 21 转回

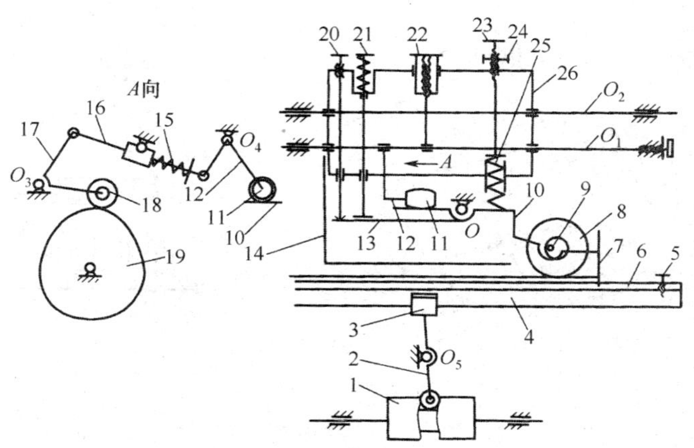

图 3—18 拉板移动式侧拉规机构简图

1、19—凸轮 2、10、12、13、17—摆杆 3—拨块 4—托板 5、20、21、23—螺钉 6—拉板 7—挡纸板 8—压纸轮 9—偏心轴 11—鼓形滚子 14—压纸板 15—撑簧 16—连杆 18—滚子 22、24—螺母 25—压簧 26—侧规体

90°，在弹簧作用下上升并与摆杆 13 脱开，压纸轮即可下压拉纸，恢复侧规工作状态。侧规体的轴向工作位置是通过调节锁紧螺母 22 来控制的。整个侧规体是用锁紧螺母 22 固定在轴 O_1 上的，只要松开螺母 22，用手扳动侧规就能达到所需要的位置。

三、气动式拉规的工作原理与调节

气动式拉规是德国罗兰公司发明的，由于其性能稳定、效率高，目前很多印刷机制造商（如日本三菱公司、小森公司；德国海德堡公司、高宝公司等）都采用了这项技术。

1. 气动式拉规的工作原理

如图 3—19b 所示，侧规体 8 安装于侧规轴Ⅰ上，吸气板 3 安装在吸气托板 2 上，吸气托板 2 是封闭的并与气泵相通，吸气板 3 上钻有 44 个小孔，用于吸纸。凸轮轴Ⅱ带动圆柱凸轮 1 旋转，经滚子、摆杆推动吸气托板 2 左右移动。工作时，当纸张在前规处完成定位后，吸气板 3 吸住纸张，在凸轮 1 的作用下向左移动，使纸张靠在侧规定位板 4 上进行定位。当定位完成后，气泵停止吸气，吸气板 3 放纸，并随吸气托板 2 右移返回，吸住下一张纸。

2. 气动式拉规的调节

（1）气动式拉规的工作位置调节

如图 3—19 所示，松开手轮 5，用手推动侧规体 8，使其在轴Ⅰ上移动，待位置合适后再锁紧手轮 5。

（2）吸气板位置调节

如图 3—19 所示，拧动手轮 6，使凸轮 1 在轴Ⅱ上移动，从而改变吸气板 3 的工作位置。

为了防止纸毛、纸粉堵塞气孔，当拉规完成纸张定位后，有一个短暂的吹气时刻，将纸毛和灰尘吹出。

气动式拉规的优点是：由于吸气孔吸住纸张，因此在拉纸过程中能够使纸张完全平伏，

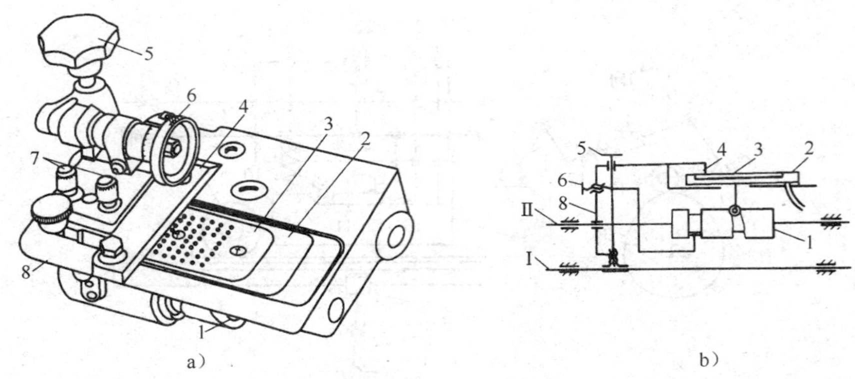

图 3—19 气动式拉规

a）外形图 b）原理图

1—凸轮 2—吸气托板 3—吸气板 4—定位板 5、6—手轮 7—调节钮 8—侧规体

防止纸张翘曲；又由于纸张表面不与压纸轮等机械接触，所以不会弄脏纸张，也不会产生静电和压痕，且定位时间长，定位精度高；这种拉规机械结构简单，操作调节方便，工作效率高。所以，气动式拉规是现代高速印刷机的首选侧规。

第三节 递 纸 牙

一、偏心上摆式递纸牙的工作原理

偏心上摆式递纸牙的工作原理如图 3—20 所示。

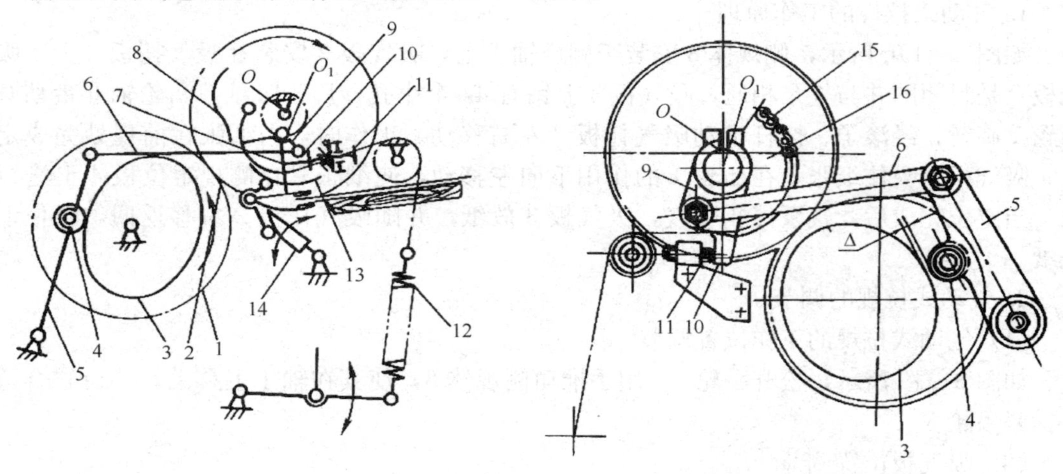

图 3—20 偏心上摆式递纸牙的工作原理

1—压印滚筒轴端齿轮 2—递纸轴齿轮 3—凸轮 4—滚子 5、9—摆杆 6—连杆 7—叼牙摆臂 8—递纸牙在滚筒处交接纸张时的张闭凸块 10—挡块 11—限位调节螺钉 12—拉簧 13—递纸牙在前规处接纸时的张闭凸块 14—凸块（使递纸牙不闭合） 15—链条 16—扇形板

1. 递纸牙的上下运动

安装于压印滚筒两端轴头上的两个齿轮 1 分别传动递纸装置的两个偏心轴套齿轮 2，偏心轴套和传动齿轮两者是固定在一起的。偏心轴套装于机架孔内，所以轴套的外圆与机架孔、齿轮三者的中心 O 重合，偏心轴套的内孔装有递纸装置摆动轴，其中心为 O_1。当齿轮和偏心轴套转动时，O_1 围绕 O 转动，使递纸牙产生上下运动，如图 3—21 和图 3—22 所示。

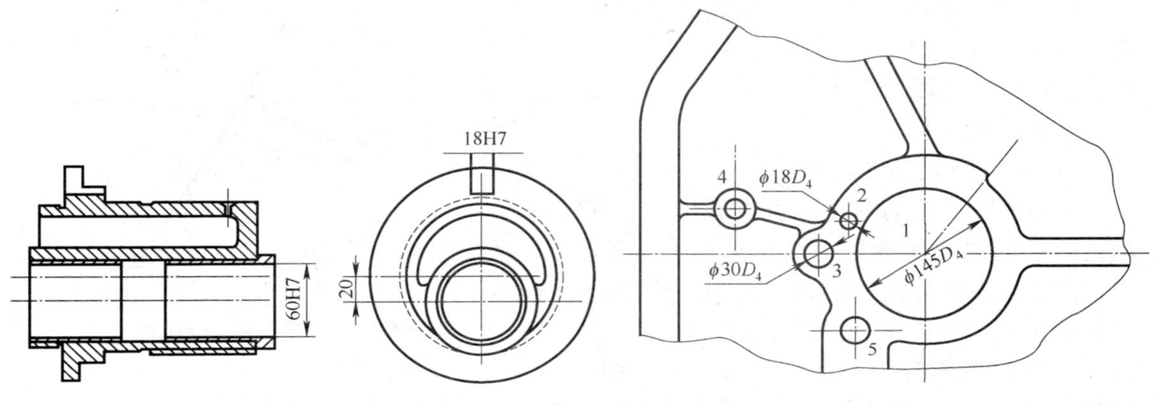

图 3—21　递纸牙偏心套　　图 3—22　递纸牙偏心轴套孔、定位孔及局部墙板

2. 递纸牙的摆动机构

如图 3—20 所示，在压印滚筒传动轴端装有凸轮 3，当凸轮转动时，经滚子 4 带动摆杆 5、连杆 6、摆杆 9 和拉簧 12 的作用，使叼牙摆臂 7 在压印滚筒与定位装置之间往复摆动。拉簧 12 使滚子 4 紧靠凸轮 3，为了保证递纸牙轴两端受力均匀，拉簧 12 有两根，对称地装在轴的两端。

(1) 递纸牙在前规处的限位

当递纸牙摆向前规接纸时，挡块 10 和限位调节螺钉 11 接触，以控制递纸牙与前规交接纸张时，有一个可靠、静止的位置，如图 3—20 和图 3—23 所示。

图 3—23　递纸凸轮及摆动机构

（2）递纸牙的张闭

如图 3—20 所示，凸块 13 控制递纸牙在前规处接纸时的张闭。凸块 8 控制递纸牙在滚筒处交接纸张时的张闭。递纸牙在凸块高点开牙，低点闭牙。

（3）自锁控制

如图 3—20 所示，凸块 14 是与滚筒离合机构相衔接的自锁控制装置。当滚筒“离压”时，前规停止摆动，凸块 14 随着离合机构下落，使递纸牙张开，不能再在前规处接纸，当前规恢复摆动时，凸块 14 即自动上抬，递纸牙继续传递纸张。

（4）递纸牙的运动轨迹

从递纸装置传动的过程可以看出偏心摆动式递纸机构的运动是由两个运动合成的。一个运动是递纸牙摆臂的摆动，另一个运动是递纸牙轴的上下运动。两个运动合成，使递纸牙运动轨迹为一“水滴”状封闭曲线，如图 3—24 所示。偏心旋转上摆式递纸机构如图 3—25 所示。

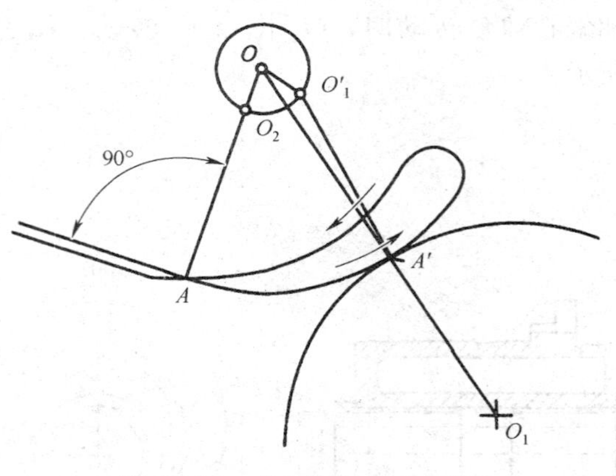

图 3—24 “水滴”状运动轨迹

图 3—25 偏心旋转上摆式递纸机构

二、偏心上摆式递纸牙的调节

1. 递纸牙与压印滚筒叼牙及前规交接位置的调节

（1）递纸牙与压印滚筒叼牙交接位置的调节

1）调节要求

①在机器处于“0”位时，递纸牙顶端比压印滚筒边口平面超前 0.5～1.5 mm（考虑递纸凸轮的磨损）。此时，递纸牙摆动凸轮上“0”刻线与滚子接触。递纸牙垫与滚筒牙垫的间隙最小，此位置（见图 3—26）在机器出厂时已调整好，一般不必再调节。

②当机器长期使用后，由于凸轮、滚子、销子等零件的磨损，造成递纸牙顶端磕碰压印滚筒边，此时需要重新调节递纸牙与压印滚筒叼牙的交接位置。

2）调节方法。如图 3—27 所示，使递纸牙摆动轴的偏心轴承及压印滚筒处于“0”位，取下递纸牙摆动轴 6 和摆动架 5 之间的定位销 B，并松开紧固螺钉 4，重新调整递纸牙位置，使递纸牙顶端与滚筒边口的间距符合要求（0.5～1.5 mm）。然后将滚子靠紧凸轮上的“0”点，紧固好螺钉 4，重新配钻定位销孔，予以定位。

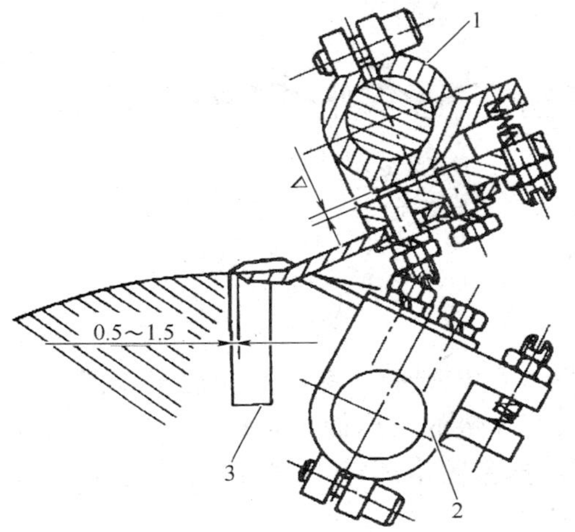

图 3—26 递纸牙与压印滚筒的交接位置

1—递纸牙 2—压印滚筒叼牙 3—压印滚筒牙垫

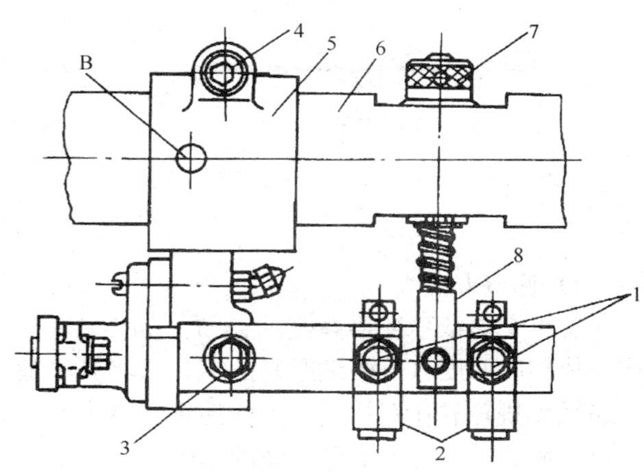

图 3—27 递纸牙摆动轴

1—固定螺钉 2—牙垫 3—牙垫板与摆动架的固定螺钉 4—摆动轴与摆架的紧固螺钉 5—摆动架 6—递纸牙摆动轴 7—滚花螺母（改变螺杆长度） 8—螺杆（其长度可改变牙垫高度） B—定位销

（2）递纸牙与前规交接位置的调节

1）调节要求

①递纸牙在前规处的交接位置是由限位螺钉决定的。在限位螺钉顶住递纸牙轴上的限位块时，递纸牙在前规处停下来，此时，凸轮的最低点和滚子之间有 0.03～0.05 mm 的间隙。

②两边限位螺钉与限位块顶住的时间和受力应该一致。

2）调节方法。转动限位螺钉即可调节凸轮最低点和滚子之间的间隙（两侧同时调节），使其达到调节要求，如图 3—28 所示。

图 3—28 限位螺钉

2. 递纸牙牙垫及输纸铁台高度的调节

调节递纸牙牙垫及输纸铁台高度时，应先以传纸滚筒或压印滚筒叼牙牙垫为基准，调节递纸牙牙垫高度，再以递纸牙牙垫高度为基准，调节输纸铁台高度，顺序不能颠倒。

（1）递纸牙牙垫高度的调节

1）调节要求。递纸牙牙垫高度的调节是以传纸滚筒或压印滚筒叼牙牙垫为基准，理想状态是机器在“0”位时两个牙垫间隙为一张印刷用纸厚度，如图 3—29 所示。但由于纸张是软的，纸边不平整调节以及运动误差、纸张厚度变化等因素，一般要求两牙垫间隙为三张印刷用纸的厚度。

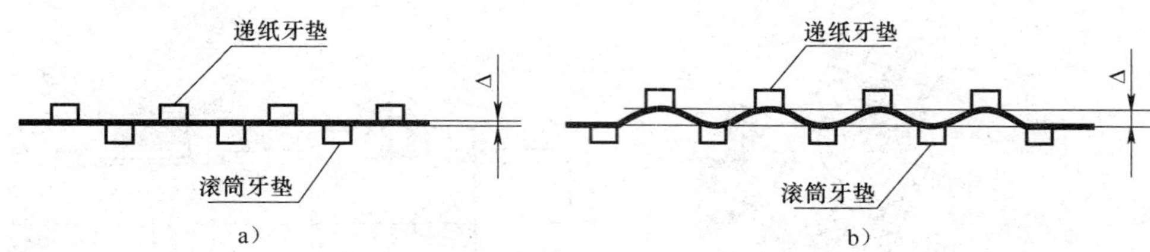

图 3—29　牙垫间隙

2）调节方法

①单个递纸牙牙垫高度的调节。如图 3—27 和图 3—30 所示，将机器盘动至“0”位，用一块相应厚度（三张纸厚）的钢片，将其平放在滚筒牙垫的工作面上，松开固定螺钉 1，使递纸牙垫轻靠在钢片上（不能使钢片变形），然后再拧紧固定螺钉 1，这样逐个地把全部牙垫 2 调节在平行于滚筒平面的一条直线上。

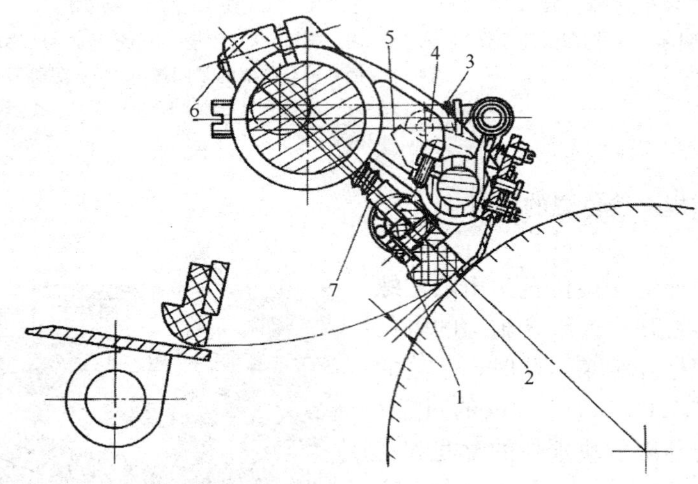

图 3—30　递纸牙牙垫高度调节

1—固定螺钉　2—牙垫　3—弹簧（调节整排叼牙叼力）　4—叼牙定位销　5—叼牙定位挡块　6—滚花螺母　7—螺杆

②整排递纸牙牙垫高度的调节。当出现印刷纸张厚度变化等原因时，需要调整整排牙垫高度。如图 3—27 所示，松开牙垫板与摆动架 5 上的固定螺钉 3，拧动滚花螺母 7，改变螺杆 8 的长度，使整排牙垫高度改变，其变化大小可以在滚花螺母处的刻度盘上读出来。调节完成后，将固定螺钉 3 拧紧。

（2）输纸铁台高度的调节

1）调节要求

①递纸牙牙垫在前规处接纸时，递纸牙牙垫表面与输纸铁台的间隙印薄纸时也应该是三张印刷用纸的厚度。

②调节时应该以递纸牙牙垫高度为基准调节输纸铁台的高度。

2）调节方法。如图 3—31 所示，铁台由固定轴 1 通过支架 2 及调节螺钉 3 固定。将调节螺钉 3 上的锁紧螺母松开，旋动调节螺钉 3 就可使铁台做上下位移。待递纸牙牙垫与输纸铁台间隙达到要求后（三张印刷纸厚），再拧紧锁紧螺母。

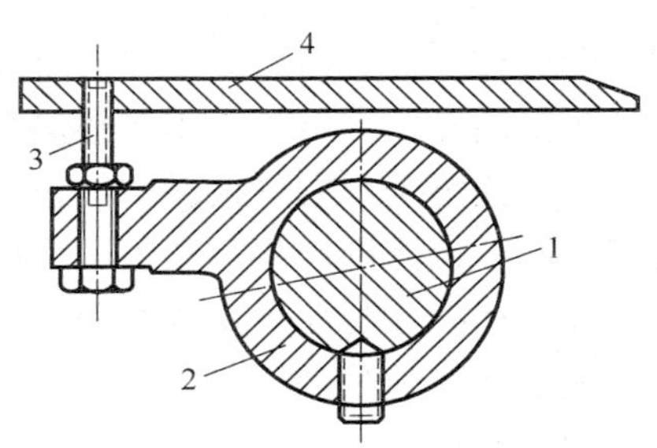

图 3—31　输纸铁台高度调节
1—固定轴　2—支架　3—调节螺钉（调节铁台高低）　4—输纸铁台

3. 递纸牙与压印滚筒及前规交接时间的调节

交接时间是指交接机件在交接位置处（附近）同时控制纸张的时间，即从交纸机件还控制着纸张，接纸机件开始控制纸张起，到交纸机件放纸所经过的时间。交接时间的长短决定于交接机件在交接纸张时运动状态的相似程度。

（1）递纸牙与压印滚筒交接时间的调节

递纸牙和压印滚筒叼牙的交接时间是指滚筒叼牙开始咬住纸张到递纸牙放开纸张所经过的时间。递纸牙和滚筒叼牙在切点处交接，其速度（滚筒线速度和递纸牙的线速度）大小相等，方向在较短的弧长内近似相同，即交接处于相对静止状态。但由于两者速度的方向只是近似相同，所以交接时间不能太长，否则就会因为速度方向的不同而撕破纸张。一般交接时间为滚筒转过 1°～1.5°，见表 3—1。

表 3—1　　J2108 型印刷机递纸机构各机件机动关系

序号	动作名称	动作角度位置	间隔角度
1	压印滚筒咬牙开始叼纸（闭牙）	0°（360°）	1°～1.5°
2	递纸牙开始放纸（张牙）	359°～358.5°	
3	输纸装置前压纸轮开始压纸	320°	
4	双张控制轮开始压纸	300°～274°	
5	纸张到达前规的时间	148°	
6	收纸滚筒叼牙开始叼纸（闭牙）	94°19′	1.5°～2.3°
7	压印滚筒叼牙开始放纸（张牙）	92°	
8	输纸装置的前送纸吸嘴开始吸纸	90°	
9	递纸牙摆杆滚子开始不与凸轮接触	93°	27°
10	递纸牙摆杆滚子开始与凸轮接触	66°	
11	递纸牙在牙台上开始叼纸（闭牙）	77°	
12	侧规压纸轮刚刚接触纸张时间	110°	
13	侧规压纸轮刚刚抬起的时间	77°	
14	前规刚刚抬起的时间	74°	

1）调节要求。压印滚筒叼牙排在0°时开始叼纸，而递纸牙排在359°～358.5°时开始放纸，两者共同控制纸张1°～1.5°，相当于压印滚筒表面弧长3～4 mm。即递纸牙叼牙与压印滚筒叼牙，共同叼着纸运行了3～4 mm后，递纸牙才张牙，这个放纸时间为最佳时间。

2）调节方法。如图3—32所示，压印滚筒闭牙时刻在0°，把机器转过1°～1.5°，检查递纸牙张闭凸轮2的位置。此时递纸牙张闭凸轮2和滚子4刚接触但尚能转动，略有阻力（边点动边用手摸滚子，刚一接触就停止点动）。若凸轮2位置不对，则将凸轮2位置周向移至和滚子4接触的位置再固定。

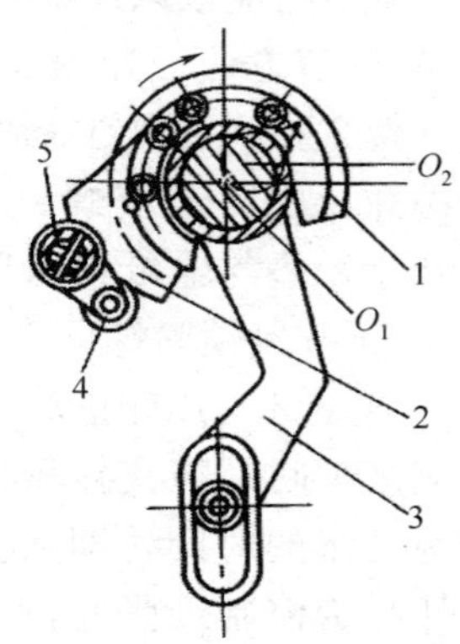

图3—32　递纸牙交接纸张控制凸轮

1—递纸牙开闭牙板　2—递纸牙张闭凸轮　3—递纸牙开牙板控制滑套　4—滚子　5—递纸牙摆动轴

（2）递纸牙与前规交接时间的调节

递纸牙和前规的交接时间是递纸牙到达前规接纸位置并处于稳定的接纸状态开始到前规开始摆动让纸所经过的时间。这一过程是在静止状态下进行的。递纸牙开闭牙板1固定在偏心轴上，并与轴共同旋转，当滚子4摆动到递纸牙开闭牙板1的高点时，递纸牙张开，当两者低点接触时则闭牙，如图3—32所示。

1）调节要求。递纸牙排叼纸时间为77°，前规开始摆动为74°，两者交接时间为3°（见表3—1）；以递纸牙排开始叼纸起，交接时间为压印滚筒表面转过8 mm左右，前规开始上摆最佳。

2）调节方法。递纸牙在前规处闭牙时间的早晚可通过改变递纸牙开闭牙板1与偏心轴承的周向位置得到，如图3—32所示。

4．递纸牙叼力的调节

（1）叼力的调节

递纸牙叼力的调节必须建立在递纸牙牙垫高度调节正确的基础上，否则将因为牙垫高度的变化而影响叼力的调节。建议整排调节，保证每个叼牙同时张开和闭合，避免印刷时印品拖梢左右两端出现套印不准的现象。

1）调节前，需根据递纸牙排上叼纸牙的个数，准备面积约10 mm^2、厚0.25 mm的纸张；另准备约150 mm长、30 mm宽、0.06～0.08 mm厚的牛皮纸，以及内六角扳手等工具。

2）点动机器，当递纸牙排摆动到输纸牙台的接纸位置时，按“停锁”键，掀起输纸板，进入操作位置。

3）在摆动轴定位挡块10与定位销9之间，垫入0.25 mm厚的纸片或垫片，如图3—33所示。

4）松开牙排上各个叼牙的紧固螺钉11，用0.06～0.08 mm厚的牛皮纸夹入叼牙与牙垫之间，使叼牙2靠向牙垫1，使其有一定的压力，同时旋紧螺钉11，如图3—33和图3—34所示。

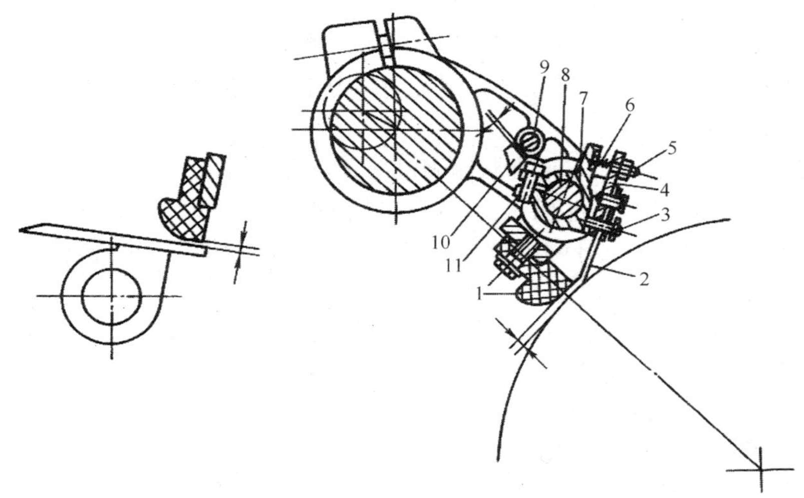

图 3—33　J2108 型印刷机递纸牙的结构

1—牙垫　2—叼牙　3、5、11—螺钉　4—牙座　6—小撑簧　7—牙箍　8—递纸牙轴　9—定位销　10—定位挡块

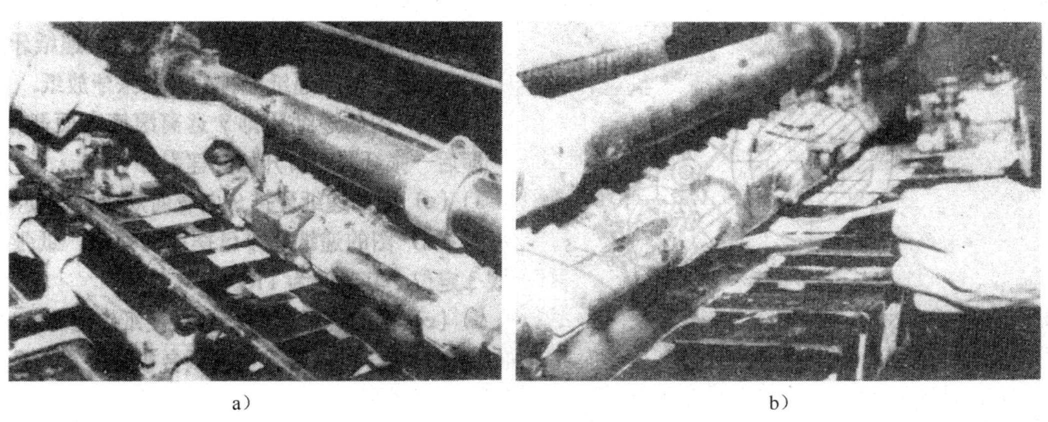

a）　　b）

图 3—34　递纸牙叼力的调节及检测方法

a）在叼牙与牙垫之间夹入纸条　b）拉动纸条检查叼牙叼力

5）调节时，先中间、后两边依次调节（见图 3—35）。用手拉动纸条，测验叼牙与牙垫之间的夹紧力，即叼力。

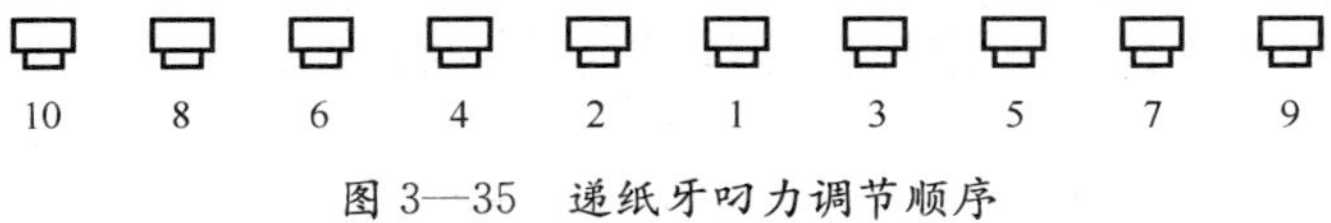

图 3—35　递纸牙叼力调节顺序

6）叼纸力的大小，可微量旋转调节螺钉 5，其叼力程度，以手感轻微用力拉动纸条为宜，全部递纸牙的叼力应基本相同。

7）各个递纸牙螺钉 3 与牙箍 7（定位架）平面之间，应保持 0.2 mm 左右的间隙，使各个递纸牙张闭一致。

8）当定位挡块 10 与定位销 9 之间的垫入物全部撤掉后，原叼牙上测验的牛皮纸纸条，以用力拉不动为宜。如果用力能够拉动，则说明叼力小了，需重新进行测试调节。

（2）递纸牙排叼纸量的调节

1）调节要求。J2108、J2205 型平版印刷机的“三套”叼牙排（递纸牙、压印滚筒牙及收纸链条叼牙）的叼纸长度有专门的要求，即递纸牙叼纸量为 5～6 mm；压印滚筒叼牙叼纸量为 6～7 mm；收纸链条叼牙叼纸量为 5～6 mm。压印滚筒叨牙叼纸量比递纸牙叼纸量大的部分就是递纸牙牙尖距离压印滚筒边口的距离。

2）调节方法。递纸牙排总体叼纸量的大小可以通过改变前规定位板的前后位置进行调节。前规定位板向前调，叼纸量变大；前规定位板向后调，叼纸量变小。

5. 递纸装置其他机件的调节

（1）递纸牙摆动轴轴向窜动的调节

为确保印品套印准确，递纸牙摆动轴在摆动运动中不允许有轴向窜动，如图 3—36 所示。

1）调节要求。限位螺母 1 与偏心轴承端面的空隙应严格控制在 0.03～0.06 mm。两者间隙小于 0.03 mm，一则会阻碍递纸牙摆动轴的灵活性，二则会加速止推轴承的磨损；两者间隙大于 0.06 mm，则会出现轴向窜动，失去限位作用，造成横向套印不准。

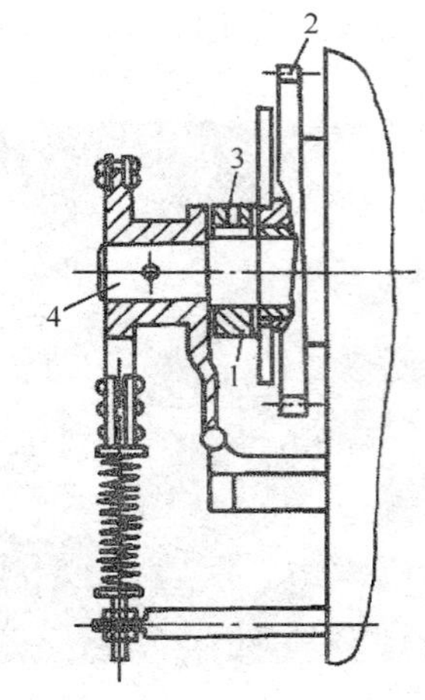

图 3—36 递纸牙摆动轴的轴向限位

1—限位螺母 2—偏心轴承齿轮 3—顶紧螺钉 4—轴颈

2）调节方法。如图 3—36 所示，先旋松顶紧螺钉 3，转动限位螺母 1，调节间隙至允许范围内，再旋紧螺钉 3。

（2）恒力装置的调节

大拉簧的作用是保证递纸装置的滚子与凸轮紧紧接触。为防止因任何振动而使递纸牙交接纸张不稳定，避免纸张交接时发生位置的变化，要求两根拉簧的拉力很大。而凸轮在大面和小面的差别使拉簧拉力的差距变化较大，致使凸轮的磨损严重，对机器的稳定性影响很大。为克服这些弊端，摆动递纸装置的拉簧都设有弹簧恒力装置。

1）恒力装置的原理。如图 3—37 所示，当扇形板向下，凸轮 3 的高面向下，使摆杆 4 的铰接支点下降，拉簧长度不会因为扇形板向下而缩短。当扇形板向上，铰接支点也跟随上移，凸轮 3 的低面向下，拉簧的长度仍是不变。这样不论递纸牙摆动到上限还是下限，拉簧的拉力基本一致，变动载荷减小使机器传动稳定。

2）恒力装置的调节。如图 3—38 所示，在大拉簧的底端，有两只可供调节的螺栓，如果拉力不够，可以将下面的簧力调节螺母旋紧几圈。

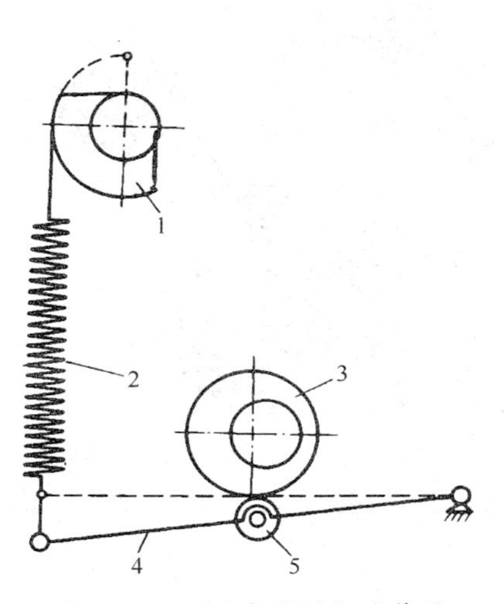

图 3—37　递纸机构的恒力装置
1—扇形板　2—大拉簧　3—凸轮　4—摆杆　5—滚子

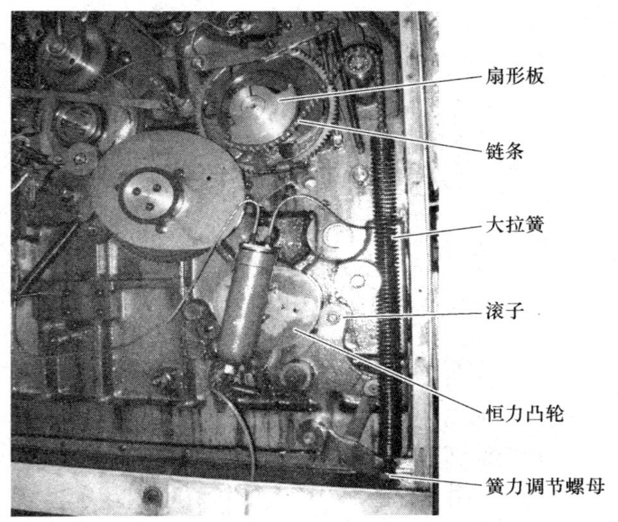

图 3—38　恒力装置

三、下摆式递纸牙的工作原理与调节

如图 3—39 和图 3—40 所示分别为下摆式递纸装置机构简图和驱动结构图。凸轮 1 为递纸凸轮，凸轮 2 为复位凸轮，这两个凸轮又叫等距共轭凸轮，它们都安装在前传纸滚筒操作面墙板外侧。递纸凸轮 1 由低点（递纸牙在牙台接纸时刻）向高点运动，经滚子 8、摆杆 4、连杆 6 使递纸摆臂 7 绕轴 O_2 做逆时针摆动，使递纸牙在牙台上取纸后加速，当递纸牙与前传纸滚筒相切时，速度正好与前传纸滚筒表面速度相等，于是将纸张交给前传纸滚筒叼纸牙。递纸摆臂 7 继续等减速下摆，当摆臂速度为零时，摆臂 7 开始返回。摆臂 7 返回的动力靠复位凸轮 2 提供，凸轮 2 经滚子 9、复位摆杆 3、拉簧 5、摆杆 4、连杆 6 使递纸摆臂 7 绕轴 O_2 做顺时针摆动，使递纸牙回摆到输纸台接纸。由于共轭凸轮曲线的原因，拉簧 5 既不伸长也不缩短。这样，递纸凸轮 1 使递纸牙将定位好的纸张从牙台经加速后等速交给前传纸滚筒叼牙，复位凸轮 2 使递纸牙返回输纸牙台接纸，循环往复。

由于递纸摆臂 7 绕轴 O_2 固定中心摆动，递纸牙的运动轨迹为一定中心弧线，其运动轨迹比偏心上摆式递纸牙简单，精度容易保证。

由于递纸牙在回摆时正好与前传纸滚筒筒身相对，会发生碰撞，所以前传纸滚筒必须是偏心的。PZ4880-01 型对开四色平版印刷机前传纸滚筒轴头与筒身偏心距为3 mm，当递纸摆臂 7 回摆时与前传纸滚筒筒身间隙就有 6 mm，避免了递纸牙与滚筒的碰撞。尽管避免了递纸牙与前传纸滚筒的碰撞，但被前传纸滚筒叼牙叼住的纸张仍然会蹭着递纸牙，因此，在每个递纸牙上装有两个小滚轮，纸张在小滚轮上滑移，防止递纸牙将纸张划伤。

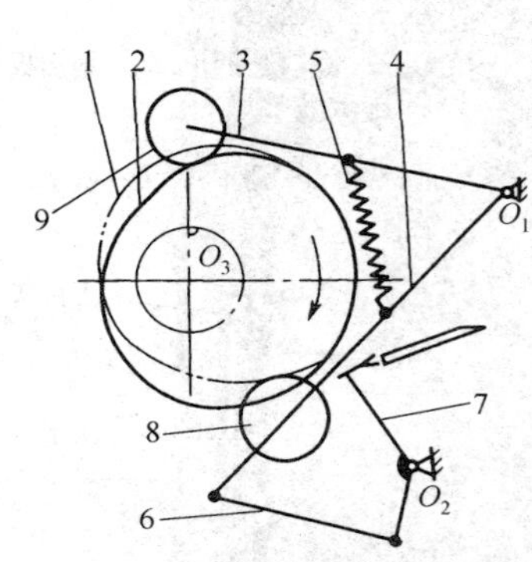

图 3—39　下摆式递纸装置机构简图
1—递纸凸轮　2—复位凸轮　3、4—摆杆　5—拉簧　6—连杆　7—递纸摆臂　8、9—滚子

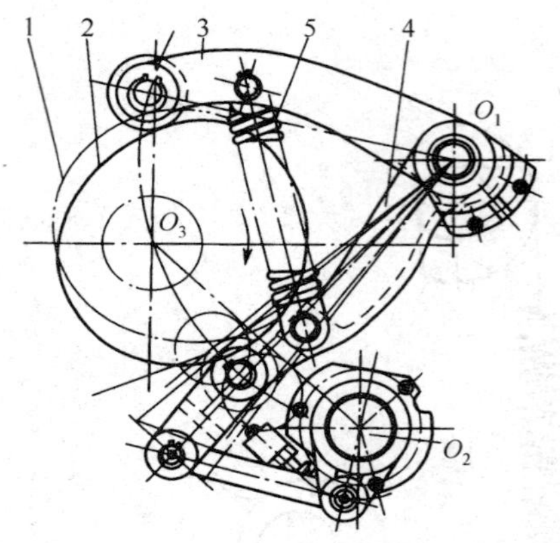

图 3—40　下摆式递纸装置驱动结构图
1—递纸凸轮　2—复位凸轮　3、4—摆杆　5—拉簧

下摆式递纸是目前高速单张纸印刷机上普遍采用的一种递纸方式，除北人印刷机使用外，德国的海德堡 CD 102 系列、罗兰 700 系列、高宝 RAPIDA 105 系列印刷机和日本的三菱 DIAMOND 3000 系列、小森 LITHONE S40 系列印刷机以及一些国产高速印刷机也采用了这种下摆式递纸装置，工作原理也基本相同。

思考练习题

1. 定位装置有什么作用？前规和侧规各自起什么作用？
2. 前规上挡规前后、高低位置的调节要求、调节方法如何？
3. 简述下摆式前规的工作原理、调节方法。
4. 简述拉板式侧规的工作原理、调节方法。
5. 简述气动式侧规的工作原理、调节方法。
6. 递纸装置有哪些种类？
7. 偏心上摆式递纸牙牙垫与压印滚筒牙垫及输纸铁台间隙的调节次序是怎样的？有什么要求？各自的调节应以什么机件为基准？
8. 递纸牙在前规处的接纸时间有什么要求？其接纸时间的早晚如何调节？
9. 简述下摆式递纸牙的工作原理与调节方法。

技能训练题

在实训教师指导下，调节递纸牙交接时间、牙垫高度或叼纸力（三选一）。

第四章　压 印 装 置

学习目标

了解平版印刷机滚筒的结构，熟悉平版印刷机版位校正原理及方法，熟悉平版印刷机中心距调节原理及测量方法，了解平版印刷机离合压调节机构、滚筒翻转机构和滚筒自动清洗机构的工作原理；能够根据实际情况正确选择校版的方法，并能达到校版的要求，能正确测量滚筒的中心距，并能按照印刷要求正确调节印刷压力。

第一节　印刷机滚筒

一、滚筒的基本构成

平版印刷机的印版滚筒、橡皮布滚筒、压印滚筒有各自的结构特点，但各滚筒的基本结构是相同的，即由轴颈（与轴承配合部分）、肩铁（滚枕）、筒体构成，如图 4—1 所示。

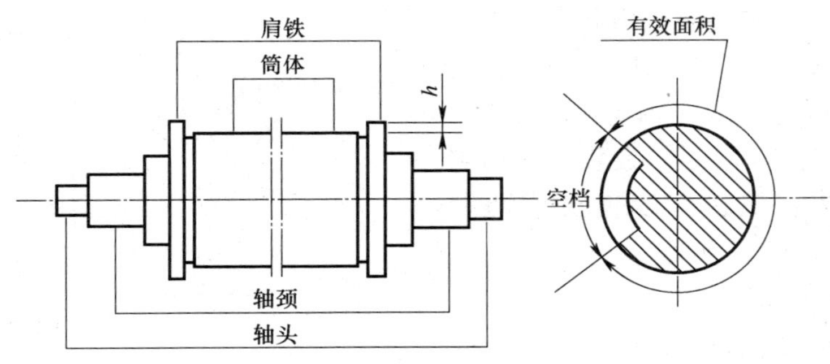

图 4—1　滚筒的基本构成

1. 轴颈

轴颈是滚筒的支承部分，对保证滚筒匀速运转及印刷品质量起着重要作用。

2. 肩铁

肩铁又叫滚枕，现代平版印刷机滚筒两端都有十分精确的肩铁，用于测量滚筒之间的中心距，进而控制印刷压力。肩铁分为接触肩铁和不接触肩铁。

（1）接触肩铁

在滚筒合压印刷中，印版滚筒与橡皮布滚筒两端肩铁在接触状态下进行印刷。此种方式的肩铁以轻压力接触，可以部分吸收和消除振动；再者，肩铁直径与滚筒齿轮分度圆直径相等，齿轮做纯滚动，保证滚筒运转的平稳性，有利于提高印刷质量。接触肩铁要求滚筒中心距固定不变，一般只在印版滚筒和橡皮布滚筒之间采用。

（2）不接触肩铁

在滚筒合压印刷中滚筒的肩铁不相接触。此类肩铁用于测量滚枕间隙大小，通过测量两滚筒肩铁间隙可以推算出两滚筒中心距和齿侧间隙。通过测量和计算可以得到滚筒轴线是否平行及确定滚筒包衬的大小。

一般来说，印版滚筒和橡皮布滚筒肩铁可以接触也可以不接触，但橡皮布滚筒和压印滚筒肩铁都不接触。这是由于当纸张厚度增加时，为保证印刷压力和图文一致，需从橡皮布滚筒上拆下部分衬垫加到印版下面，此时印版滚筒和橡皮布滚筒压力不变，而在橡皮布滚筒和压印滚筒间的压力只能调节它们的中心距。所以，橡皮布滚筒和压印滚筒肩铁间留有间隙，以便纸张厚度改变时加以调整。

3. 筒体

滚筒的筒体外包有衬垫是直接转印印迹的工作部位。筒体由有效印刷面积和空档（缺口）两部分组成。有效面积用于转印图文，空档部分主要用于安装咬纸牙、橡皮布张紧机构、印版装夹机构。滚筒筒体与肩铁外圆间有一距离 h，称为滚筒的下凹量，三种滚筒下凹量是不同的。利用下凹量可以计算出滚筒的包衬厚度。

二、印版滚筒

印版滚筒的筒体直径（不加包衬的裸滚直径）介于压印滚筒和橡皮布滚筒筒体直径之间。印版滚筒空档部分设有印版装夹机构和版位调节机构。印版装夹机构由版夹紧固螺钉 1 和上下版夹 2、3 组成（见图 4—2）；版位调节机构由拉版螺钉 8 和轴向调节螺钉 6 组成（见图 4—3）。常用的印版装夹机构有固定式装夹机构和快速式装夹机构两种类型。

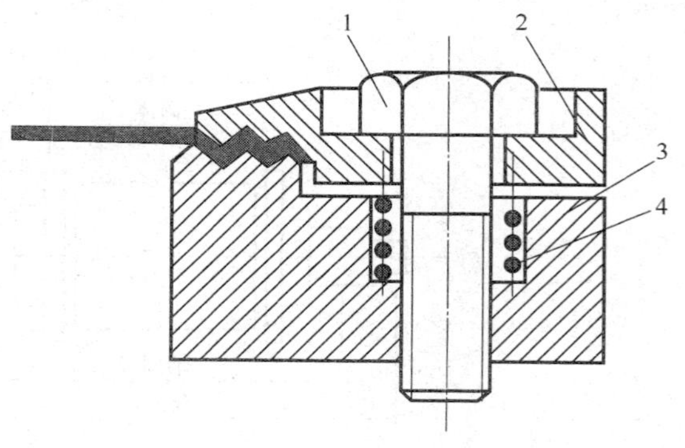

图 4—2 固定式装夹机构

1—紧固螺钉 2—上版夹 3—下版夹 4—弹簧

1. 固定式装夹机构

J2108 机印版采用固定式装夹机构，如图 4—2 所示。当印版插入上版夹 2 和下版夹 3 之间后，将紧固螺钉 1 拧紧（紧固螺钉有多个，必须自中间向两边一一拧紧），即可把印版夹紧。卸版时，拧松紧固螺钉 1，弹簧 4 能将版夹 2 自动撑起，便于取出印版。

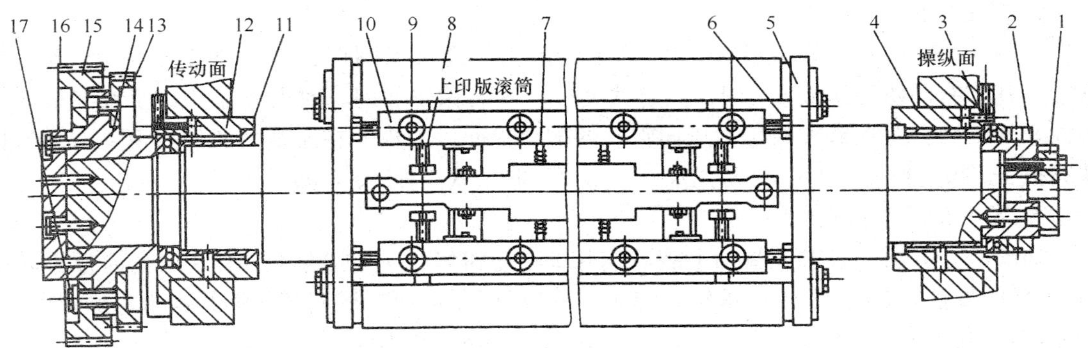

图 4—3 印版滚筒的结构

1、13—齿轮（传递墨辊动力） 2—锁紧螺母 3—推力轴承 4、12—偏心轴承 5—滚枕 6—调节螺钉 7—弹簧 8—拉版螺钉 9—螺丝 10—版夹 11—油封 14—轮毂 15—滚筒齿轮 16—压盖 17—固定螺钉

2. 快速装夹机构

如图 4—4 所示，将印版放入上下版夹之间，只要用插杆撬动凸轮轴 1，即可将印版卡紧（不需要一个个拧紧紧固螺钉）。如果印版厚度尺寸发生变化，松开紧固螺钉 4，插入印版，转动凸轮轴 1，使其处于卡紧状态，再调整螺钉 5，使印版夹紧，最后拧紧紧固螺钉 4。

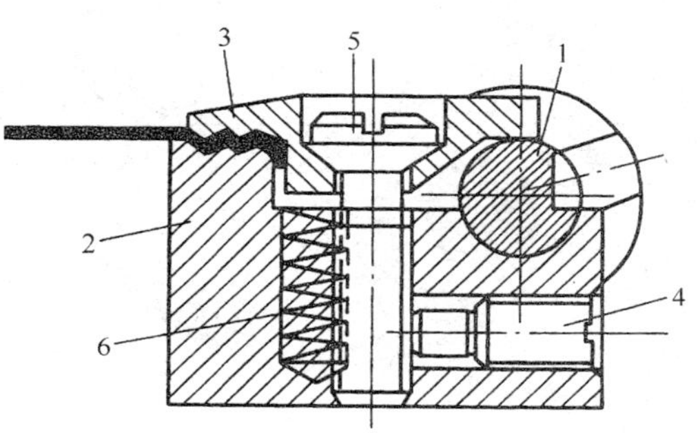

图 4—4 快速装夹机构

1—凸轮轴 2、3—版夹 4—紧固螺钉 5—螺钉 6—撑簧

三、橡皮布滚筒

橡皮布滚筒的筒体直径是三个滚筒中最小的。橡皮布滚筒的空档部分装有橡皮布的装夹和张紧机构，如图 4—5 所示。

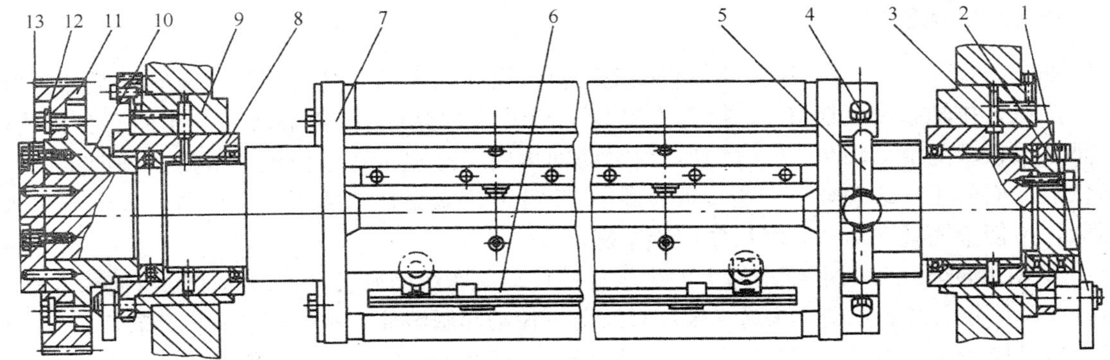

图 4—5 橡皮布滚筒的结构

1—离合连板 2—紧固螺母 3—止推轴承 4—蜗杆 5—蜗轮 6—卡夹卷轴 7—滚枕 8—内偏心套 9—外偏心套 10—轮毂 11—斜齿 12—紧固螺钉 13—压盖

1. 橡皮布的装夹机构

如图 4—6a 所示，铁夹板（4 和 5）上有齿沟，通过紧固螺钉 2 将橡皮布咬紧。6 为张紧轴，其上有凹槽和卡板 3，用以固定铁夹板。安装橡皮布时，推开卡板 3，使铁夹板 5 嵌入轴 6 的凹槽，并把铁夹板用力压向轴 6 的配合平面，卡板 3 在压簧 1 的作用下，自动钩住铁夹板 4。卸下橡皮布时，只要先推开卡板 3，取出铁夹板 4、5 即可。

2. 橡皮布的张紧机构

如图 4—6b 所示，轴 6 端面上装有蜗轮 9，它和蜗杆 10 相啮合。用专用套筒扳手转动蜗杆 10 的轴端，蜗杆 10 传动蜗轮 9，轴 6 转动以张紧或松开橡皮布。蜗轮本身有锁紧作用，但为防止因振动使橡皮布松动，用锁紧螺钉 11 将蜗杆 10 锁住。

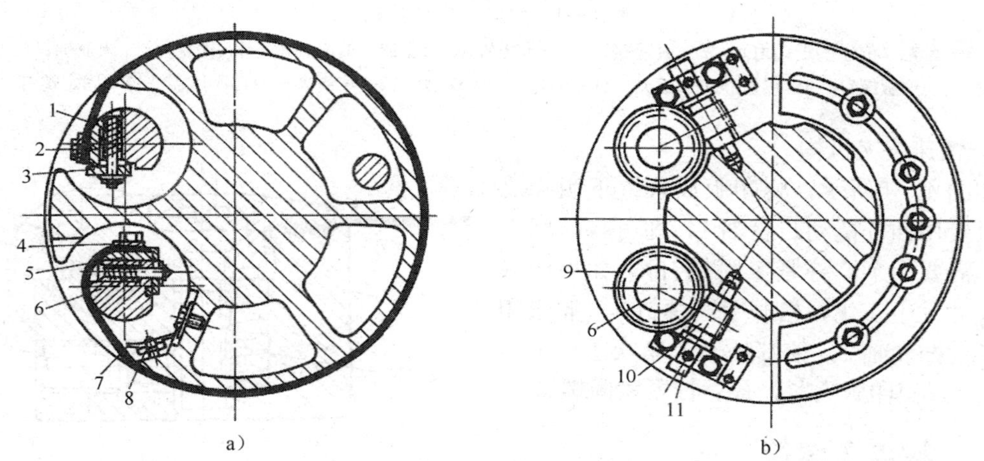

图 4—6　橡皮布装夹及张紧机构

1—压簧　2—紧固螺钉　3—卡板　4、5—铁夹板　6—张紧橡皮布的轴　7—衬垫簧片
8—夹板　9—蜗轮　10—蜗杆　11—锁紧螺钉

四、压印滚筒

如图 4—7 所示，压印滚筒筒体直径是三个滚筒中最大的，其空档部分设有叼纸牙排机构，叼纸牙排轴端安装摆杆 7，摆杆上安装了开闭牙滚子 6。压印滚筒轴上无偏心套机构，其轴在墙板上的滑动轴承 12 中转动，而滑动轴承用螺钉固定在墙板上，滚筒的轴向定位一般依靠端面的止推滚动轴承。通过锁紧螺母 17 可进行端面轴承的预紧力调节，以保持适当压紧，不使滚筒轴向窜动，然后紧固锁紧螺母 17。

1. 机器的动力通过收纸滚筒上的齿轮直接传动压印滚筒旋转，再由压印滚筒轴端齿轮 3 和 4（14）分别带动橡皮布滚筒（橡皮布滚筒再传动印版滚筒）和递纸装置同速转动。

2. 叼纸牙的总叼纸力由弹簧决定，即这种结构叼纸牙的闭合依靠弹簧力。如图 4—7 和图 4—8 所示，当开闭牙滚子 6 与凸轮大面接触时（凸轮固定在墙板上，滚子 6 随压印滚筒旋转），通过摆杆 7 旋转叼纸牙轴 9，使全部叼纸牙 8 张开（弹簧被压缩）。当叼纸牙 8 叼住纸张后，在旋转中依靠滚筒的压力，使纸张紧密地与橡皮布表面接触而获得图文印迹。印刷结束后，压印滚筒叼纸牙 8 将纸张交给传纸滚筒（或收纸牙排）。

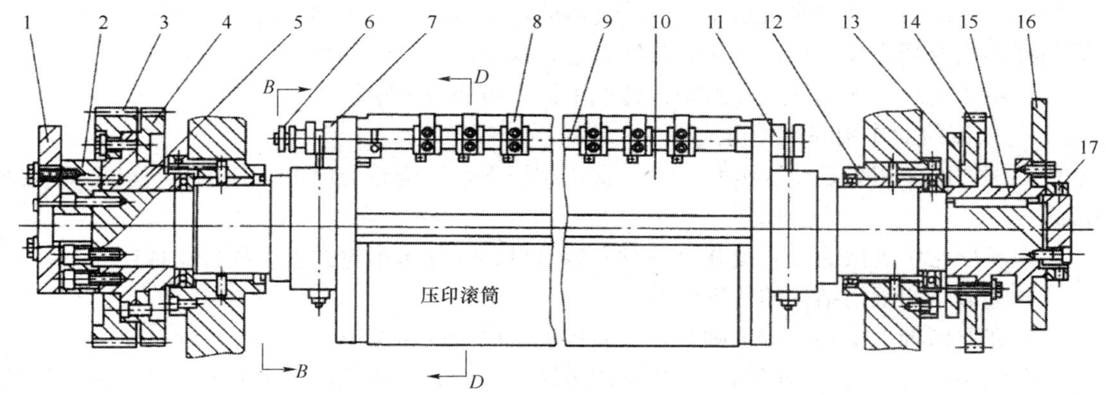

图 4—7 压印滚筒的结构

1—递纸机构凸轮 2、15—凸轮座 3—斜齿轮 4—递纸牙偏心套凸轮 5—轮毂 6—开闭牙滚子 7—摆杆 8—叼纸牙 9—牙杆轴 10—压印滚筒体 11—摆杆 12—滑动轴承 13—离压凸轮 14—递纸机构齿轮 16—合压凸轮 17—锁紧螺母

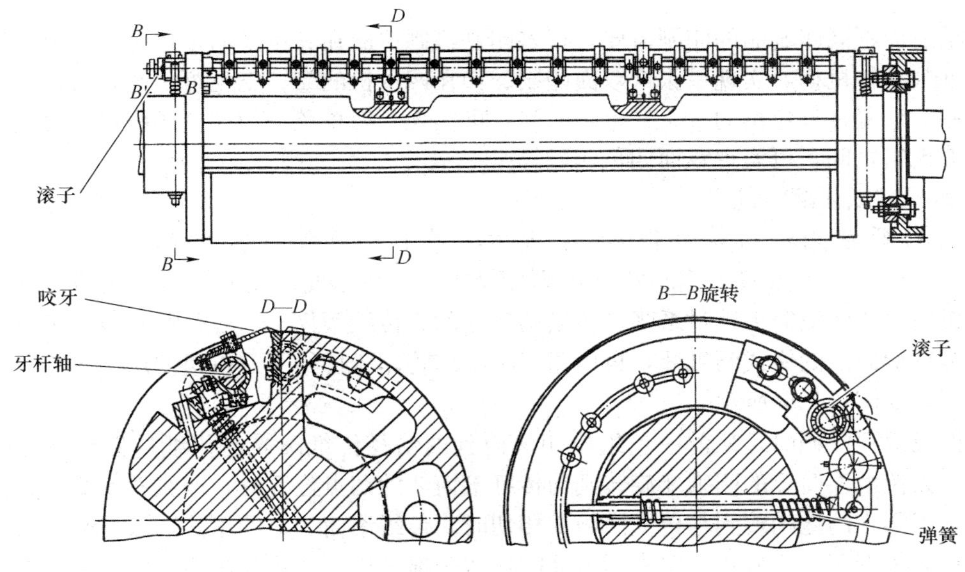

图 4—8 压印滚筒剖面结构图

五、传纸滚筒

1. 传纸滚筒的分类

传纸滚筒按照安装部位的不同可分为以下四种类型：

(1) 位于多色机机组之间的传纸滚筒，其作用是把前一机组印好的纸张传送给后一机组进行印刷，它通常用一个或三个滚筒进行传纸。

(2) 位于输纸台和第一印刷机组之间的传纸滚筒，它是递纸装置的一部分，也叫递纸滚筒。

（3）位于最后一个印刷机组压印滚筒之后的传纸滚筒，它传动的收纸链条叼牙排从压印滚筒叼牙排接取纸张，并把纸张交到收纸台上，这个滚筒也叫收纸滚筒。

（4）位于机组之间用来翻转纸张的传纸滚筒，也叫翻转滚筒。

2. 传纸滚筒的作用和结构形式

传纸滚筒的作用只是传送纸张，不承受印刷压力，结构较为简单。其主要有以下几种结构形式。

（1）星形轮传纸滚筒。它由几个圆盘和装有可移动的星形轮的若干横杆组成。

（2）类似压印滚筒结构的传纸滚筒。

（3）在滚筒轴上安装一排窄圆盘，外面包上金属板的传纸滚筒。

（4）气垫滚筒。由于印好的纸张从压印滚筒传到相邻的传纸滚筒表面时，印刷面和传纸滚筒表面相对，为了避免印迹蹭脏，现代单张纸平版印刷机的传纸滚筒上配有空气导纸系统。即在传纸滚筒体上制有许多小孔，从里向外吹风，在传纸滚筒的表面形成一层气垫，使印刷面不与传纸滚筒表面接触，可完全避免印迹蹭脏现象。

六、纸张翻转机构

为了适应不同印刷品的印刷需要，很多印刷机制造商在其生产的多色机的机组之间设置了一个纸张翻转机构，实现单张纸双面印刷。如在四色机的二、三色组之间，可以实现双面双色印刷；设置在五色机的一、二色组之间，可实现一面单色一面四色印刷；设置在八色机的四、五色组之间，可实现双面四色印刷等。

1. 钳式叼纸牙翻转机构

钳式叼纸牙翻转机构如图 4—9 所示，属于三滚筒翻转装置，常用在海德堡 Speedmaster 102-4 型和高宝 Rapida 105 型印刷机上。在单面印刷时，传纸滚筒 1 的叼纸牙从前一机组的压印滚筒上接过纸张，传给两倍径的大传纸滚筒 2，然后由大传纸滚筒 2 把印张交给传纸滚筒 3 的钳式叼纸牙，再由钳式叼纸牙将印张传给下一机组的压印滚筒，进行下一色印刷，如图 4—9a 所示。

变换成双面印刷时，从前一色组压印滚筒到两倍径传纸滚筒的传纸过程与单面印刷相同。但当大传纸滚筒 2 的叼纸牙旋转到与传纸滚筒 3 的切点位置时，印张并不交接，而是继续旋转，当印张的拖梢转到与传纸滚筒 3 相切时，传纸滚筒 3 上的钳式叼纸牙叼住纸张拖梢使印张从大传纸滚筒 2 分离，钳式叼纸牙叼住印张拖梢后，一边随滚筒旋转，一边自身翻转 180°，在钳式叼纸牙转到与后面印刷机组的压印滚筒相切时把印张交给压印滚筒，完成印张的翻转与传递，如图 4—9b 所示。

钳式叼纸牙叼住印张拖梢边，为了保证正反面套印准确，必须使印张在交接前处于绷紧状态，平伏地包裹在滚筒表面，因此在大传纸滚筒 2 上对应拖梢边的部位，配置了一套能够转动的吸嘴，以便在周向和轴向展平纸张。

由单面印刷变换成双面印刷时，大传纸滚筒 2 和传纸滚筒 3 的周向安装位置要求是不同的，两者之间相差一张纸长度的弧长，需要改变大传纸滚筒 2 与传纸滚筒 3 传动齿轮的周向相对位置才能实现。

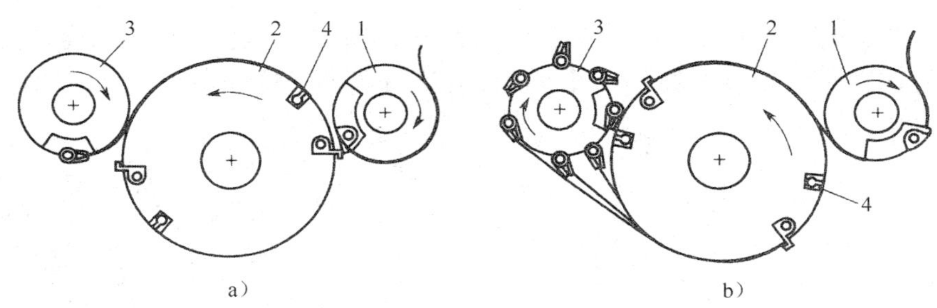

图 4—9 钳式叼纸牙翻转机构

1、3—传纸滚筒 2—大传纸滚筒 4—吸嘴

2. 倍径单滚筒翻转机构

如图 4—10 所示为倍径单滚筒翻转机构，罗兰 700 型和高宝 Rapida 72 型印刷机常用这种翻转机构。工作时，翻转滚筒的吸嘴吸住印张的拖梢，同时，前一印刷机组的压印滚筒叼牙松开印张前叼口，如图 4—10b 的上图所示。翻转滚筒上的吸嘴和叼牙向内相向转动，两者相遇时吸嘴把印张拖梢交给叼牙，翻转滚筒叼牙带着印张前进，如图 4—10b 的中图所示。当与后一个印刷机组的压印滚筒相切时，将印张拖梢交给后一个印刷机组的压印滚筒叼牙，如图 4—10b 的下图所示，完成印张的翻转和传递。

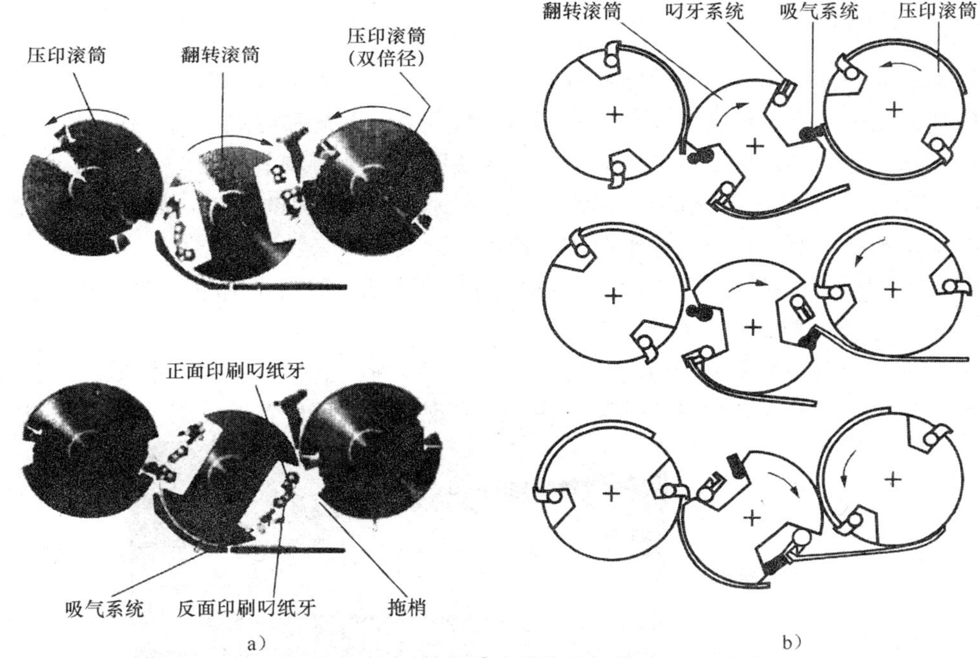

图 4—10 倍径单滚筒翻转机构

由于带翻转的双面印刷纸张的交接次数多，长期使用会产生由于机械性磨损误差积累带来的对印刷质量的影响，不易维护。现在已经出现不必要翻转、印刷滚筒为三滚筒的单张纸双面平版印刷机。如图 4—11 所示为小森 Lithrone 440 SP 型和秋山 J Print 4p440 型单张纸双面平版印刷机，就是纸张叼口一直被压印滚筒或传纸滚筒叼牙叼住，直至完成印刷。采用

压印滚筒到压印滚筒的传纸方式，可保证正反面印刷质量的一致性和套印精度，在很大程度上解决了翻转印刷所面临的蹭脏、叼口正反面套准等问题。这种印刷机只能印刷双面印刷品，不能印刷单面印刷品。

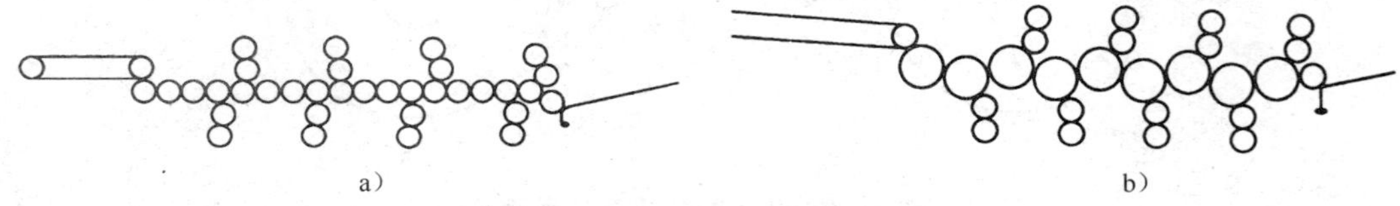

图 4—11　不需翻转的三滚筒单张纸双面平版印刷机
a）小森 Lithrone 440 SP 型机　b）秋山 J Print 4p440 型机

第二节　印版位置调节机构

图文在纸张上的位置是由纸张的位置和印版的位置决定的。纸张的位置可以由前规和侧规来确定，而印版的位置就需要通过校版来确定。印版位置调节机构有拉版机构、印版滚筒周向位置调节机构和印版滚筒周向和轴向微调机构。

一、拉版机构

1. 根据图文的位置判断印版所在的位置，确定采用何种校版方法。

（1）校正第一色版位前，应检查和调节定位装置（前规和侧规）的工作位置，使之与纸张的规格相适应。当前规定位装置确定后，校版时一般不再调节前规。

（2）“上下”版位的校正应以拉版为主，特别是对于歪斜的印版，只要转印位置与标准位置的误差不超出调节螺钉的极限范围，都可以通过拉版来解决。

（3）“来去”版位的校正应以调节侧规为主，特别是“上下”版位已准，“来去”误差较大时，应首选调节侧规。

2. 拉版前，先确定拉版的方向及拉动量。然后将一个版夹上的拉版螺钉 2 松开一些，再将另一个版夹上的拉版螺钉 2 拧紧一些，来实现印版上下位置的校正，如图 4—12 所示。

图 4—12　J2108 型平版印刷机的拉版螺钉

3. 调整印版的轴向位置时，先松开拉版螺钉 2，再根据拉版的方向及拉动量调整印版的轴向调节螺钉 1 来实现印版来去位置的校正，如图 4—13 所示。

4. 校正斜版时，先松开打算校正方向对面的拉版螺钉 2，接着松开版夹两端的调节螺钉 1，再根据规线套印情况调节拉版螺钉 2 的拉动量，上下位置调准后，接着调节螺钉 1，使来去位置对准。

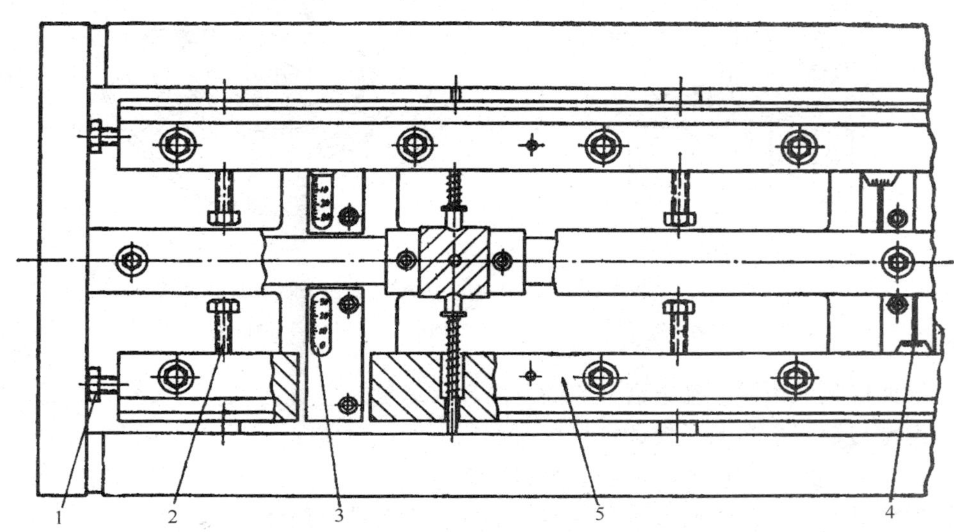

图 4—13 J2108 型平版印刷机拉版装置

1—“来去”调节螺钉 2—“上下”调节螺钉 3—“上下”位置刻度 4—“来去”位置刻度 5—印版版夹

二、印版滚筒周向位置调节机构

印版滚筒周向位置的调节，俗称借滚筒，它是通过改变印版滚筒和橡皮布滚筒在圆周方向的相对位置，使印版随着滚筒一起移动来改变图文印在纸上的位置的。

1. 出现下列情况时可通过借滚筒来得到正确的图文位置

(1) 由于制版过程处理不当，造成图文在印版上的位置有误，致使咬口尺寸过大或过小，此时无法用拉版方法调节。

(2) 虽然印张两边规线的上下位置已经一致，但还需要改变印版滚筒图文与纸张的相对位置。

2. 借滚筒的调节原理

如图 4—14 所示，印版滚筒端面齿轮 4 通过四个螺钉 2 和轮毂 1 相固定，轮毂 1 又和滚筒轴固定在一起，所以齿轮 4 和滚筒也是相互固定的。齿轮 4 的螺钉孔为圆弧长槽孔，若松开四只固定螺钉，用人工盘动机器可以改变齿轮与印版滚筒在周向的相对位置，改变的数值可以从固定在齿轮上的刻度盘 5 上读出。由于印版滚筒齿轮和橡皮布滚筒齿轮的啮合关系没有改变，所以刻度值的变化，实际上反映了印版滚筒和橡皮布滚筒相对位置的变化。

3. 借滚筒的调节方法

借滚筒的调节方法如图 4—14、图 4—15 和图 4—16 所示。

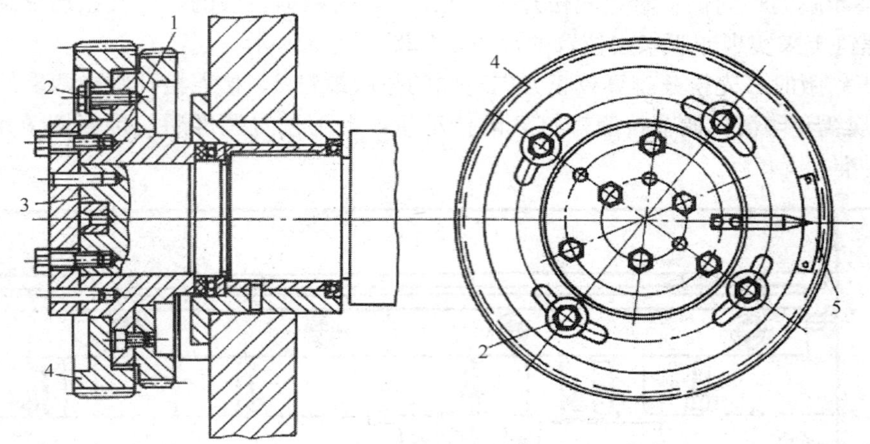

图 4—14　J2108 型平板印刷机印版滚筒周向调节机构
1—轮毂　2—螺钉（4 个）　3—轴颈　4—齿轮　5—刻度盘

（1）根据校版试印样，确定借滚筒的方向和移动量。
（2）齿轮与轮座之间的紧固螺钉与机器护罩上的孔对应。
（3）套筒扳手插入护罩孔内，松开紧固螺钉。
（4）盘动机器或用钢棒插入滚筒空档中部的孔中拨动滚筒体。
（5）从刻度盘上检查位移量的大小。
（6）紧固所有螺钉，如图 4—16 所示。

图 4—15　借滚筒操作时的机罩

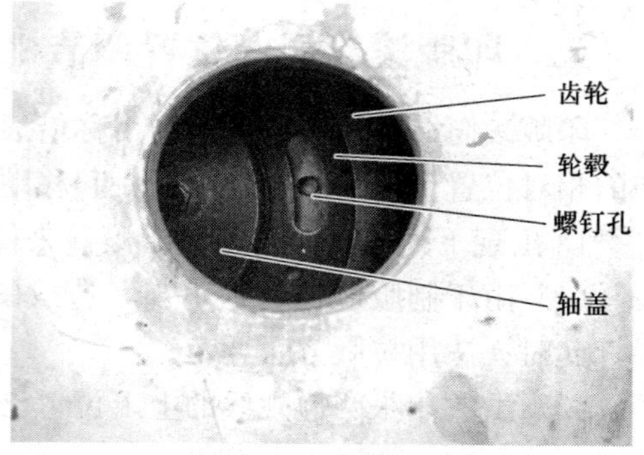

图 4—16　借滚筒操作时机罩上的孔

三、印版滚筒周向和轴向微调机构

双色平版印刷机和多色平版印刷机的各个印版滚筒上均设有周向和轴向位置的微调机构。校版时，如果发现第一色规矩线与第二色规矩线在上下方向或来去方向套印不准，且纸张两边规矩线的误差一致，这个误差又在该机印版滚筒微调机构所允许调节的范围内，则可以通过微量调节机构分别调节印版滚筒的周向和轴向位置。

以 J2205 型印刷机下色组滚筒调节为例，调节方法如下：

1. 轴向调节

如图 4—17a 所示，该调节表采用重力结构，其内部的传动比为 1∶24，表盘刻度分为 24 等份。调节表的外壳转一圈，刻度盘指针转过 1 小格，其读数为 0.2 mm，表示印版滚筒轴向位移 0.2 mm。

2. 周向调节

如图 4—17b 所示，该调节表的结构也为重力结构，调节表的外壳转一圈，刻度盘指针转过 1 小格，其读数为 0.1 mm，表示印版滚筒周向位移 0.1 mm。

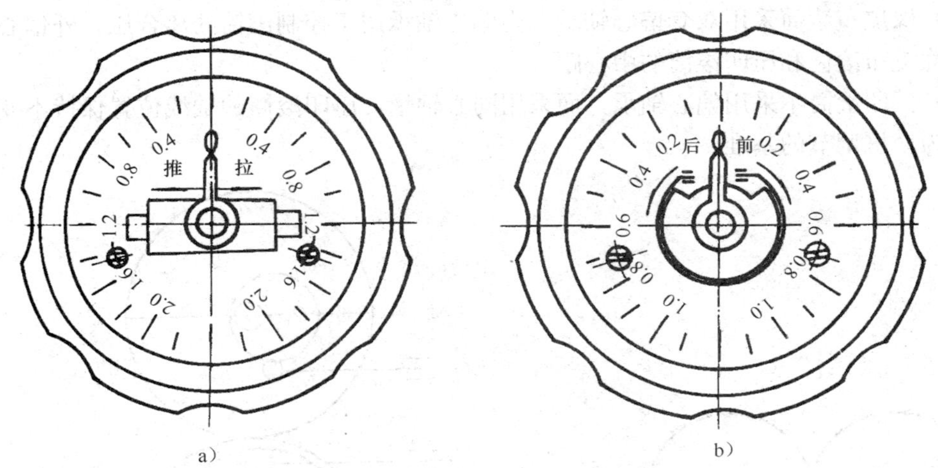

图 4—17　J2205 型印刷机轴向及周向调节表盘

a）轴向调节表盘　b）周向调节表盘

第三节　滚筒中心距调节机构

印刷压力的控制是通过调节滚筒中心距和改变滚筒包衬厚度来实现的。当滚筒中心距的大小调节到正确位置后，增减滚筒包衬厚度，便可使印刷压力相应地增大或减小。印刷压力的大小可以通过滚筒橡皮布的最大压缩变形量间接地反映出来。一般操作的次序是：根据印刷机提供的标准参数，以压印滚筒为基准，先测量压印滚筒和橡皮布滚筒之间的中心距，并将其调节到标准参数规定的数据；然后以橡皮布滚筒为基准，调节橡皮布滚筒和印版滚筒之间的中心距，使其达到标准参数规定的数据；最后根据印刷用纸的实际情况计算滚筒包衬的厚度，根据厚度准备好包衬，再将包衬包到滚筒上，并通过滚筒压力的测量来检验是否正确。本节以 J2108 型胶印机为例介绍滚筒中心距的调节原理与方法。

一、J2108 型印刷机滚筒中心距调节机构的原理

1. 偏心套的工作原理

（1）如图 4—18a 所示，O 和 O_1 分别为两个滚筒的轴心，O_1 也是偏心套内圈的中心，O_2 是偏心套外圈的中心。当 O_1 在 OO_2 的连线（或延长线）上时，转动偏心轴承，使 O_1 绕 O_2 转动，两滚筒中心距 O_1O 变化很小。此位置调节偏心轴承时，基本不改变两滚筒的

中心距。

（2）如图 4—18b 所示，O 和 O_1 仍然分别是两个滚筒的轴心。当滚筒连线 O_1O 和偏心套内外圈中心连线 O_1O_2 互相垂直时，转动偏心轴承使 O_1 绕 O_2 转动，两滚筒中心距 O_1O 的变化最大，在此位置上，调节偏心轴承较小的转角能使滚筒中心距有较大的改变。

2. 滚筒偏心套的分配

J2108 型印刷机滚筒偏心套的分配如图 4—19 所示。

（1）印版滚筒采用单套偏心轴承，用于调节印版滚筒和橡皮布滚筒的中心距。

（2）橡皮布滚筒采用双套偏心轴承，内偏心轴承用于控制滚筒的离合压，外偏心轴承用于调节橡皮布滚筒和压印滚筒的中心距。

（3）压印滚筒不采用偏心轴承，而采用同心轴承，压印滚筒的轴线位置保持不变，压印滚筒作为全机调节的基准。

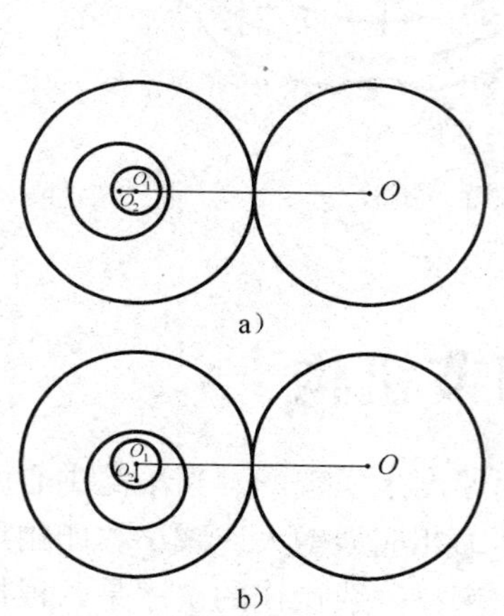

图 4—18　偏心套的工作原理

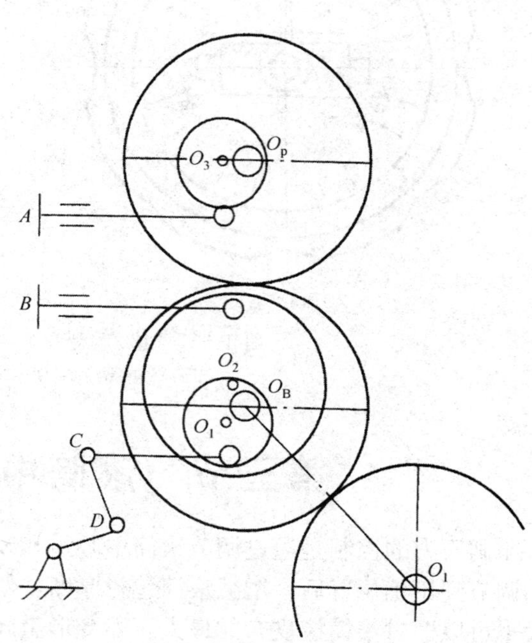

图 4—19　J2108 型印刷机滚筒偏心套的分配

二、滚筒中心距的测量和调节

1. 滚筒中心距的测量

（1）测量滚枕间隙

1）用 0.05～0.1 mm 的厚薄规（塞尺），预先放于滚枕之间，将滚筒倒转，能将塞尺轻轻拉出，则塞尺总厚度就是滚枕之间的间隙大小。根据间隙大小算出滚筒中心距的大小。

2）用直径比滚枕间隙大 30%～50%的熔断丝，放在滚筒滚枕之间滚压，使之被压成扁平的形状，再用千分尺测量它的厚度，其厚度就是滚枕之间的间隙大小。根据间隙大小算出滚筒中心距的大小。

（2）测量滚筒壳体间隙

用直径比滚筒壳体间隙大 30%～50%的熔断丝，放在滚筒壳体之间滚压，使之被压成扁平的形状，再用千分尺测量它的厚度，这就是滚筒壳体间隙。（轴向选三点）根据间隙大小算出滚筒中心距的大小。

（3）接触滚枕类机器的测量方法

接触类滚枕处于正常工作位置时，滚枕间隙为 0，滚筒中心距的大小为两滚筒滚枕半径之和。常用敷墨法或光照法测定其正常工作位置。

1）敷墨法。在测量的任一滚枕上涂薄墨，使滚枕边和滚压边靠近，调节滚筒中心距直至墨迹被转印到另一滚枕上，即是滚枕间隙为 0 的位置。

2）光照法。在被测量滚枕的另一面放置一个光源，机器在静止状态下调节，使滚筒中心距减少到从滚枕间隙之间刚好看不到光源的亮光，就是滚枕间隙为 0 的位置。

2. 滚筒中心距的调节

（1）印版滚筒和橡皮布滚筒中心距的调节

如图 4—20a 所示，转动方头轴 1，经螺杆 2 使斜齿轮 3 转动，斜齿轮 3 使扇形齿轮 4 转动，扇形齿轮 4 是固定在印版滚筒偏心轴承 5 上的，当偏心轴承 5 转动时，就可以改变印版滚筒和橡皮布滚筒的中心距。

（2）橡皮布滚筒和压印滚筒中心距的调节

方法同上。为提高调节精准度，必须尽可能减小啮合齿轮的齿侧间隙，为此 J2108 型印刷机采用以下措施：首先以扇形齿轮 4 为基准，调节斜齿轮 3 支承偏心轴，使 3 与 4 之间的啮合侧隙最小，然后再以斜齿轮 3 为基准，调节螺杆 2 的两端支承座的位置（支承座上有长孔），使调节螺杆 2 和斜齿轮 3 间啮合侧隙最小，如图 4—20a、c 所示。

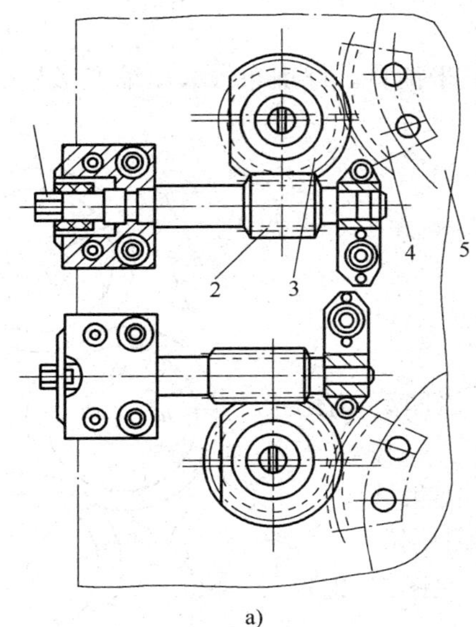

a)

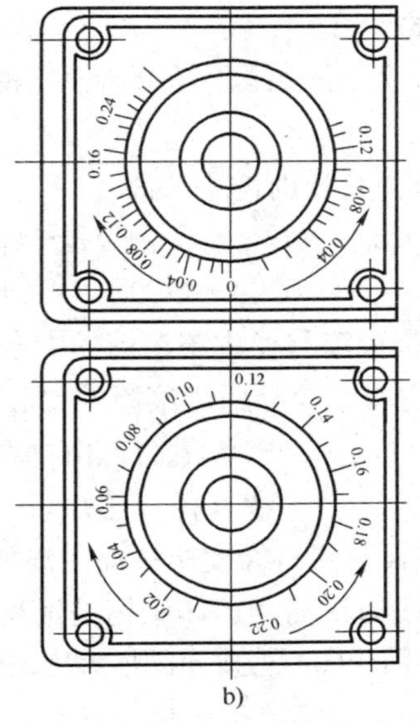

b)

c)

图 4—20　滚筒中心距调节机构

a）滚筒中心距调节器　b）滚筒中心距调节器刻度盘

c）印版滚筒和橡皮布滚筒中心距调节机构

1—方头轴　2—螺杆　3—斜齿轮　4—扇形齿轮　5—印版滚筒偏心轴承

三、印刷压力的计算及检测

1. 印刷压力的计算

印刷压力的大小一般用橡皮布的最大压缩变形量来衡量。橡皮布最大压缩变形量的计算方法如下：

（1）先计算滚筒合压时的中心距

$$L_{pb} = (D'_p + D'_b)/2 + \Delta pb$$

$$L_{bi} = (D'_b + D'_i)/2 + \Delta bi$$

式中　L_{pb}——印版滚筒与橡皮布滚筒的中心距；

L_{bi}——橡皮布滚筒与压印滚筒的中心距；

D'_p、D'_b、D'_i——印版滚筒、橡皮布滚筒、压印滚筒滚枕直径（已知）；

Δpb——印版滚筒与橡皮布滚筒的滚枕间隙（需测量）；

Δbi——橡皮布滚筒与压印滚筒的滚枕间隙（需测量）。

（2）再计算滚筒压印时橡皮布的最大压缩变形量（见图 4—21）

$$\lambda_{pb} = R_p + \delta_p + R_b + \delta_b - L_{pb}$$

$$\lambda_{bi} = R_b + \delta_b + R_i + \delta_i - L_{bi}$$

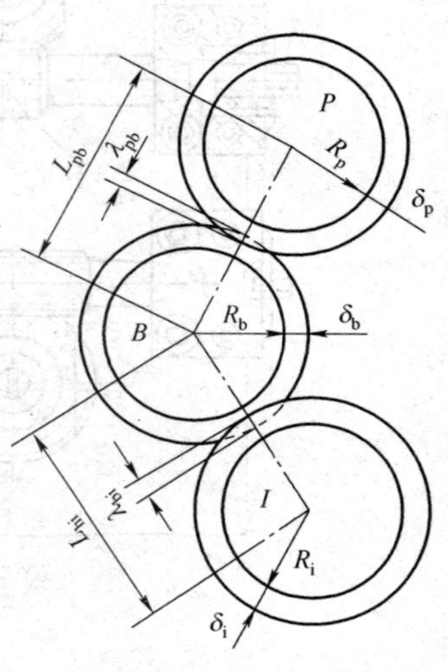

图 4—21　滚筒及包衬示意图

式中　R_p、R_b、R_i——印版滚筒、橡皮布滚筒、压印滚筒的筒体直径；

L_{pb}、L_{bi}——橡皮布滚筒与印版滚筒和压印滚筒与橡皮布滚筒之间的实际中心距；

δ_p、δ_b、δ_i——印版及其衬垫总厚度、橡皮布及其衬垫总厚度、纸张的厚度；

λ_{pb}、λ_{bi}——橡皮布滚筒与印版滚筒和压印滚筒之间的最大压缩变形量。

2. 印刷压力的检测

（1）用印痕宽度检查压力

将着水辊离开印版滚筒，四根着墨辊与印版滚筒接触，低速运转，将压力合上同时给墨，三滚筒均匀吃上墨时立即停车，此时三滚筒停车处有印痕出现，此印痕宽度即表示印刷压力，如图 4—22 所示。印刷压力必须调整得左右均匀一致。

（2）用滚筒包衬量规检查压力

如图 4—23a 所示为包衬量规的测量原理，是采用比较测量方法进行的。如果 $h=0$，则表示橡皮布滚筒包衬后，橡皮布与肩铁齐平；如果 h 为正值，则表示橡皮布滚筒包衬后高于肩铁；如果 h 为负值，则表示橡皮布滚筒包衬后直径低于肩铁。有些平版印刷机随机带有滚筒包衬量规，如图 4—23b 所示。

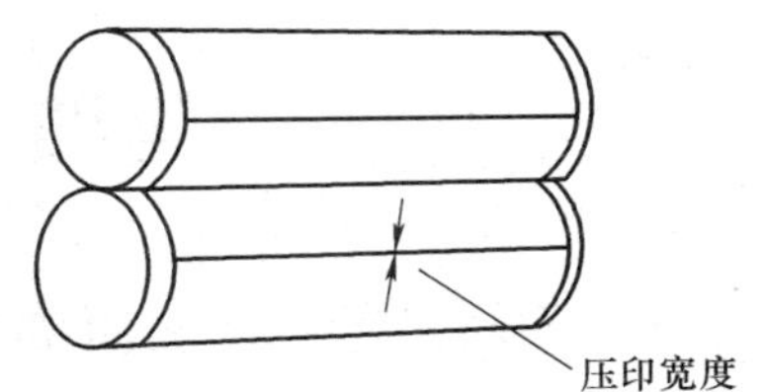

图 4—22　用印痕宽度检查印刷压力的大小

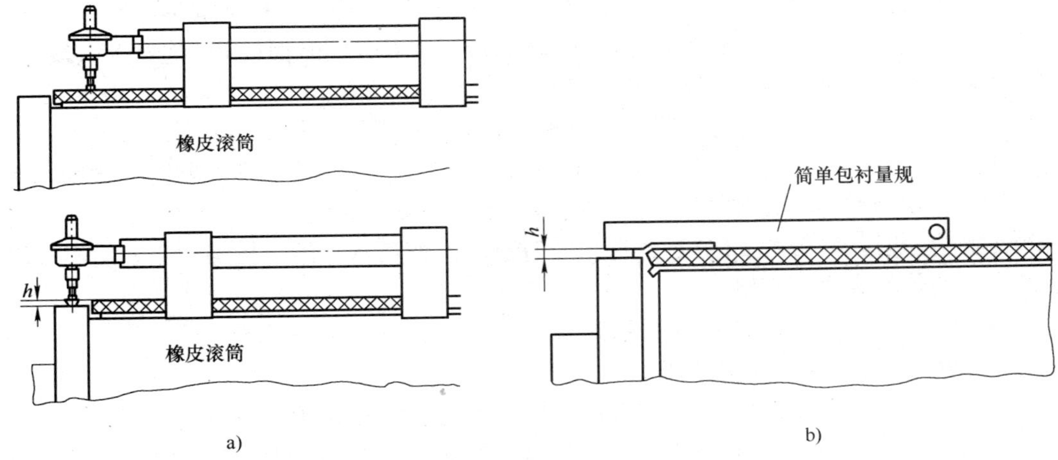

图 4—23　包衬量规

a）滚筒包衬量规测量原理　b）简易包衬量规

四、包衬的作用与分类

1. 包衬的作用

包衬的作用主要是转印图文、调节压力、补偿误差和减缓振动。

2. 包衬的分类

根据包衬材料的性质不同，一般可将包衬分为硬性包衬、中性包衬和软性包衬。

（1）硬性包衬

硬性包衬由橡皮布和衬纸组成。橡皮布滚筒的包衬总厚度在 2 mm 以下，弹性模量大，变形小，印刷时压缩量一般控制在 0.04～0.08 mm，最大限度不超过 0.1 mm，现代印刷机大多采用硬性包衬。

（2）中性包衬

中性包衬一般由橡皮布、衬垫橡皮布和衬纸组成。橡皮布滚筒的包衬总厚度为 3～3.5 mm，弹性模量适中，印刷时压缩量一般控制在 0.15～0.20 mm。

（3）软性包衬

软性包衬一般由橡皮布、毛呢和衬纸组成。橡皮布滚筒的包衬总厚度为 4 mm 以上，弹性模量小，变形大，印刷时压缩量一般控制在 0.20～0.25 mm。

第四节　滚筒离合压机构

一、偏心轴承式滚筒离合压机构（以 J2108 型平版印刷机为例）

1. 偏心轴承式滚筒离合压机构的工作原理

如图 4—24 所示，合压时，电磁铁通电，铁芯推动双头棘爪 6 绕支点顺时针摆动，使棘爪落入撑牙 7 的槽内。此时，合压凸轮 1 推动合压滚子 11 使撑牙 7 推动双头棘爪 6，最后使摆杆 8 逆时针摆动，经连杆 9 使偏心轴承 10 转至合压位置（此时摆杆 8、连杆 9 共线）。电磁铁通电时间由一专用无触点开关控制。

离压时，电磁铁断电，铁芯回缩，双头棘爪 6 逆时针摆动，棘爪落入撑牙 4 的槽内。此时，离压凸轮 2 推动离压滚子 3 使撑牙 4 推动双头棘爪 6，最后使摆杆 8 顺时针摆动，经连杆 9 使偏心轴承 10 转至离压位置（此时摆杆 8、连杆 9 成一钝角）。

当滚筒合压时，离合轴 12 通过连杆 13 和拉杆 14 使离水、离墨机构给水、给墨。滚筒离压时，又可使其离水、离墨。

2. 偏心轴承式滚筒离合压机构的调节

（1）平版印刷机对滚筒离合的要求

1）不印半张，即离合动作发生在滚筒空档，不能使纸张印刷到一半时离合压。

2）洗橡皮布后，印第一张不半彩半白，即印版滚筒与橡皮布滚筒合压也必须在空档内，此外它们应早于橡皮布滚筒与压印滚筒合压，先打墨才能印全第一张。

3）发生走纸等故障时能自动离压。

4）滚筒离合压动作平稳，无冲击现象，两端位移始终保持一致。合压机构能够自锁，保证印刷压力稳定。

5）待印刷的纸张没有包裹在压印滚筒上时，不能合压，否则会将油墨转印到压印滚筒上，使第二张纸背面蹭脏。

（2）偏心轴承式滚筒离合压机构的调节

1）滚筒离合位置的调节。现代单张纸平版印刷机都采用顺序离合压，即合压时，橡皮布滚筒先与印版滚筒合压，转过一定角度后再与压印滚筒合压；离压时，橡皮布滚筒先与压印滚筒离压，转过一定角度后再与印版滚筒离压，且离合位置是在滚筒空档处，如图4—25a

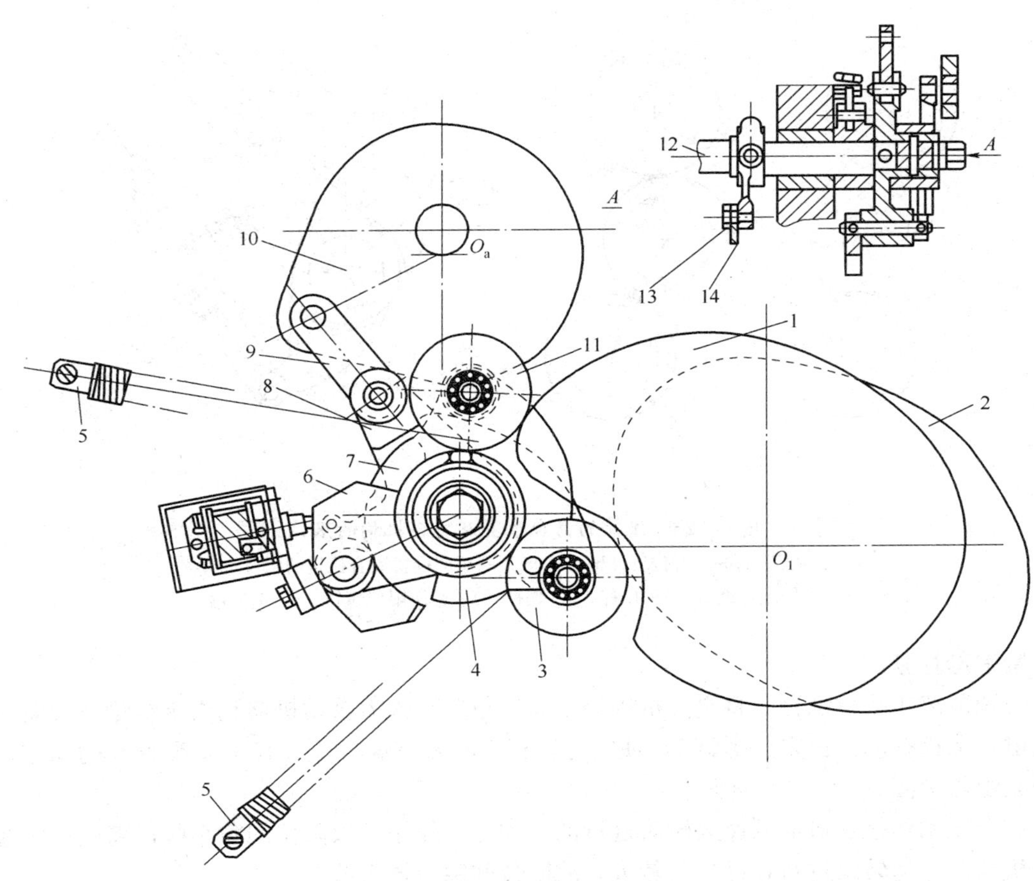

图 4—24 J2108 型平版印刷机滚筒离合压机构工作原理

1—合压凸轮 2—离压凸轮 3—离压滚子 4、7—撑牙 5—拉簧 6—双头棘爪 8—摆杆 9、13—连杆 10—偏心轴承 11—合压滚子 12—离合轴 14—拉杆

所示。

滚筒离合位置是由离合压凸轮相对于压印滚筒轴的周向位置所决定的，它已由制造厂定位。若滚筒的离合位置与要求不符时，可拔去原有的定位销，按所需工作位置重新确定离合位置。找到新位置后，重新打孔定位。

2）限位螺钉的调节。为使离合轴具有恒定的转动角，从而使滚筒离合距离保持恒定，进一步使滚筒之间的弹性体压缩变形量保持恒定。离合压机构有两个限位螺钉，分别限制离和合的范围。调节时必须使它们能够发挥限位和缓冲的作用，但也不能因限位过量而和凸轮的作用力相矛盾。

①如图 4—25b 所示，实线表示合压位置，虚线表示离压位置。调节前，先将合压限位螺钉 4 和离压限位螺钉 1 拧松几圈。

②调节合压限位螺钉。如图 4—25b 所示，将机器以人力盘动到滚筒合压位置，使合压凸轮最大面和滚子相接触（见图 4—24），在合压限位螺钉 4 和连杆 5 之间放一片 0.05 mm 厚的测片，然后徐徐拧动限位螺钉 4，使螺钉 4 拧到与该测片既受力又能轻轻拉出为宜，再

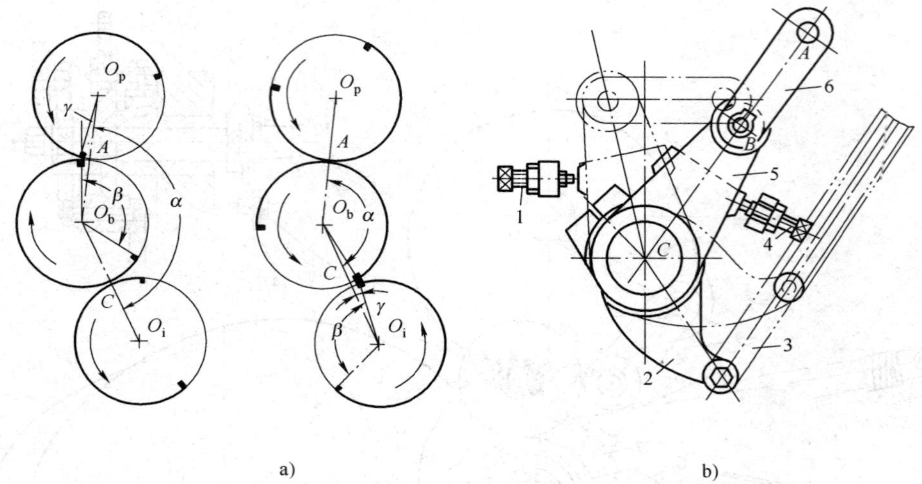

图 4—25　滚筒的离合位置及离合机构的限位

a）滚筒的离合位置　b）J2108 型平版印刷机离合机构的限位

1—离压限位螺钉　2—拉杆　3—摆杆　4—合压限位螺钉　5、6—连杆

将锁紧螺母拧紧。

③调节离压限位螺钉。将离合机构处于离压位置，人力盘动机器到离压凸轮最大面与滚子接触，徐徐拧动离压限位螺钉 1，使它与连杆 5 的另一端面有 0.15～0.20 mm 的间隙，再把锁紧螺母紧固。

④合压动作是在机器低速运转时进行的，冲击力较小，故限位间隙小些；离压动作通常是在机器高速运转时进行，冲击力较大，故限位间隙应该大些。

二、三点支承式离合压机构的工作原理

如图 4—26 所示，橡皮布滚筒轴端的曲线钢套 10 被三个滚子 1、4、6 支撑着，滚子 1、4 为偏心滚子，滚子 6 由弹簧 5 支撑着，在弹簧作用下，无论离压或合压都会使滚子 6 始终顶着钢套 10，滚子 6 可沿弹簧 5 的压缩方向移动。滚子 1 通过调节螺母 2 改变偏心位置，调节橡皮布滚筒与压印滚筒之间的压力，而滚子 4 通过调节螺母 3 改变偏心位置，调节橡皮布滚筒与印版滚筒之间的压力。

钢套 10 外表面有两段曲线 A、B，A 点半径最小，到 B 点半径逐渐增大，直到等于外圆半径。

当合压时，通过自动控制机构由摆杆 8 使钢套 10 顺时针转动一个角度，钢套的 B 点与滚子 1、4 接触，使橡皮布滚筒克服弹簧 5 的作用力右移，三滚筒中心距减小完成合压。

当离压时，通过自动控制机构由摆杆 8 使钢套 10 逆时针转动一个角度，使钢套的 A 点与滚子 1、4 对应，此时在弹簧 5 的作用下，钢套 A 点与滚子 1、4 接触，橡皮布滚筒左移，三滚筒中心距增大，实现滚筒离压。

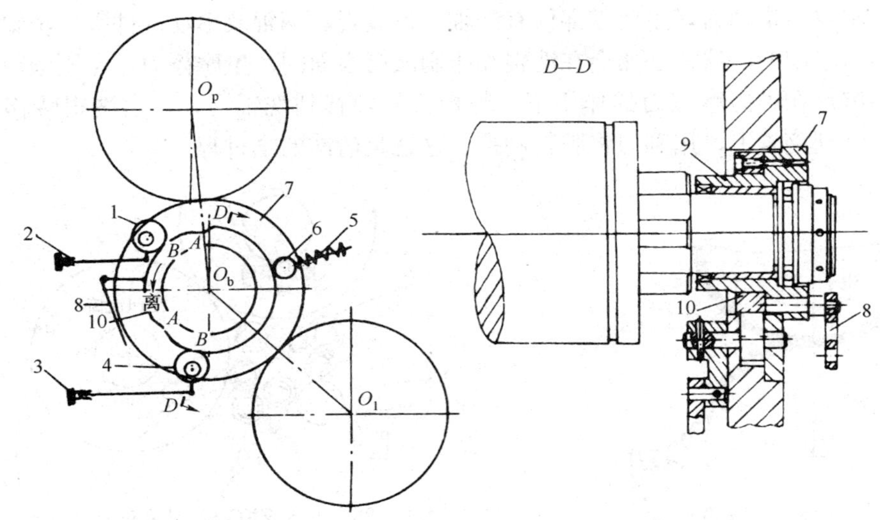

图 4—26　三点支承式离合压机构

1、4、6—滚子　2、3—调节螺母　5—弹簧　7—橡片布滚筒　8—摆杆　9—滑动轴承　10—曲线钢套

第五节　自动清洗装置

现代单张纸平版印刷机的印刷速度普遍已达到 15 000 张/h，通过提高印刷速度来提高生产效率，已非常有限且不经济。缩短印刷前的准备时间和停机辅助时间是提高生产效率的有效手段之一。现代平版印刷机都配备了自动清洗橡皮布滚筒和压印滚筒的机构，节省了辅助时间，降低了工人的劳动强度，提高了生产效率，提高了印刷品的质量，延长了橡皮布的使用寿命。

一、北人 ZXG-08 型滚筒自动清洗装置

1. 北人 ZXG-08 型滚筒自动清洗装置的清洗原理

ZXG-08 型滚筒自动清洗装置是根据流体在辊间可以平均分离的理论设计的，其分离原理如图 4—27 所示。

印刷滚筒上有脏物后，先用洗涤剂浸渍溶解，使之形成一种混合流体，然后用干净的洗辊与印刷滚筒接触，脏物就会转移到干净的洗辊表面上来，然后用刮刀从干净的洗辊表面把转移来的脏物刮掉，这样往复多次，印刷滚筒表面的脏物就会越来越少，直至满足印刷的要求为止。

2. 北人 ZXG-08 型滚筒自动清洗装置的结构

ZXG-08 型滚筒自动清洗装置主要由三部分组成：清洗机构、操作机构和清洗剂供给系统。

(1) 清洗机构

清洗机构的机械传动原理如图 4—28 所示。该机构的动力由橡皮布滚筒和压印滚筒靠摩

擦力传递，本身不带动力，主要零部件有洗辊、过渡辊、钢辊及串动部件等。洗辊表面有橡胶层，是可以串动的，这样必然会在洗辊和印刷滚筒表面间产生摩擦力。印刷滚筒表面脏物经洗涤剂溶解，在轴向摩擦力的作用下，脏物首先转移到洗辊上，再由洗辊转移到过渡辊上，最后转移到钢辊上，用刮刀将脏物刮掉。这就是清洗的全过程。

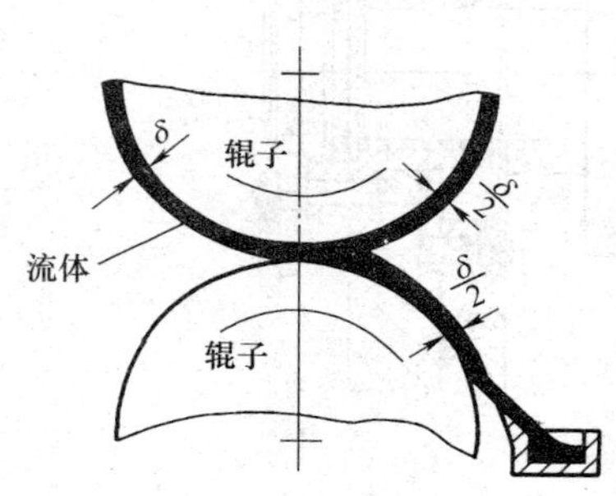

图 4—27　流体平均分离原理

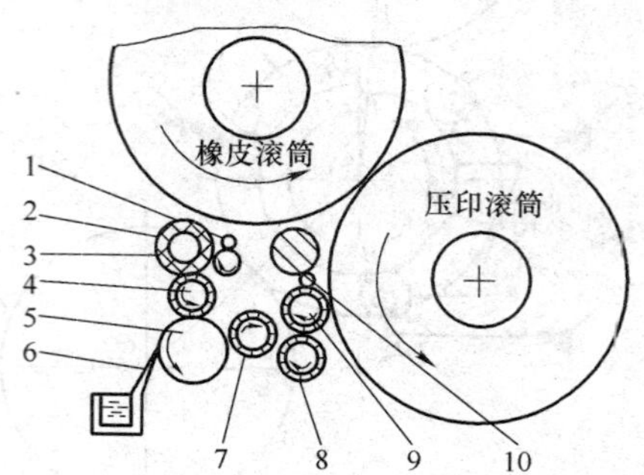

图 4—28　北人 ZXG-08 型滚筒自动清洗装置的自动清洗机构

1—滴油管　2—橡胶洗辊　3—匀液辊　4—上过渡辊　5—钢辊　6—刮刀　7—第一下过渡辊　8—第二下过渡辊　9—压印洗辊　10—压印滴油管

（2）操作机构

操作机构由手柄、定位盘、凸轮、控制轴、拉簧、压杆等组成，如图 4—29 所示。

操作手柄有三个位置。当手柄处于位置Ⅰ时，压印洗辊和橡皮布洗辊都离开被洗的滚筒，这时该装置不工作。当手柄处在位置Ⅱ时，橡皮布洗辊与橡皮布滚筒接触，但压印洗辊仍然是远离压印滚筒的，这时只能清洗橡皮布滚筒。当手柄处于位置Ⅲ时，橡皮布洗辊仍以原来的压力与橡皮布滚筒接触，此时压印洗辊也靠上压印滚筒，两个滚筒都得到清洗。

（3）清洗剂供给系统

该系统由油箱、量油器、开关、滴油管等零部件组成，如图 4—30 所示。

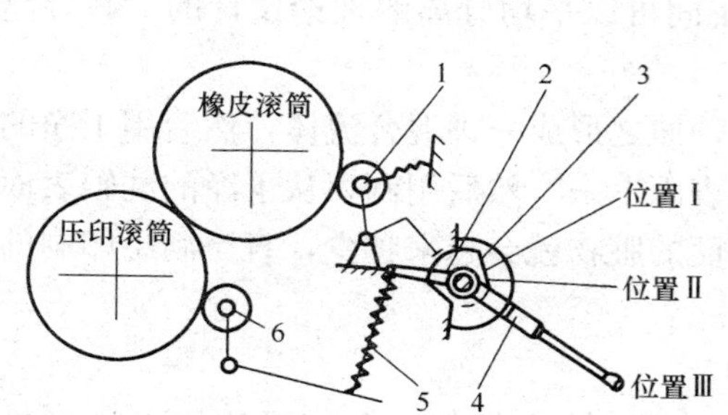

图 4—29　北人 ZXG-08 型滚筒自动清洗装置的操作机构

1—橡胶洗辊　2—凸轮　3—定位盘　4—手柄　5—拉簧　6—压印洗辊

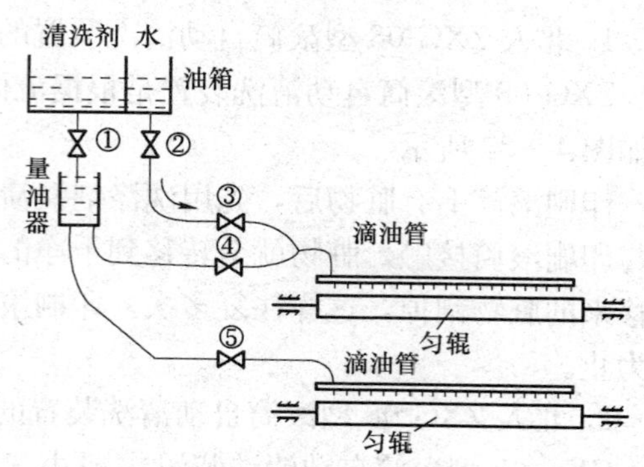

图 4—30　北人 ZXG-08 型滚筒自动清洗装置的清洗剂供给系统

二、海德堡 SM 102 系列印刷机橡皮布滚筒自动清洗机构

如图 4—31 所示为海德堡 SM 102 系列印刷机橡皮布滚筒自动清洗机构，它也是根据流体在辊间可以平均分离的理论设计的。清洗剂通过滴油管 5 浇洒在加液辊 4 上，传递给毛刷辊 2，橡皮布滚筒 1 经过溶剂的浸湿和滚压，把脏物和油通过毛刷辊 2 又传到金属辊 3 上，利用刮刀 6 将脏油从金属辊 6 上铲下来，流入接液盘 7 中进行回收。当不清洗时，可通过手柄将毛刷辊 2 和加液辊 4 离开橡皮布滚筒（图中虚线位置）。

各辊的旋转是依靠与橡皮布滚筒之间的摩擦力及辊与辊之间的摩擦力来带动的。

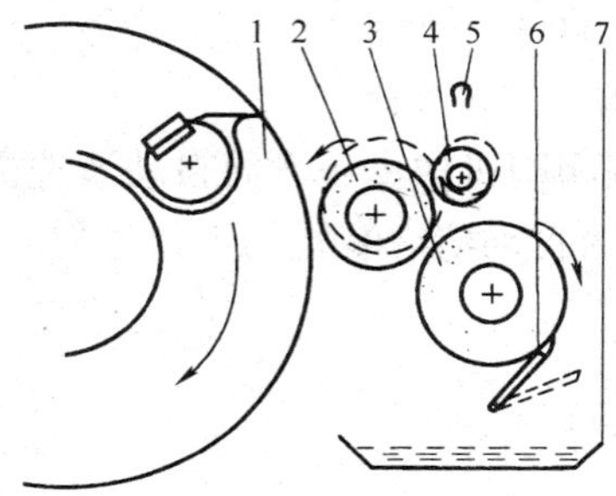

图 4—31　海德堡 SM 102 系列印刷机橡皮布滚筒自动清洗机构

1—橡皮布滚筒　2—毛刷辊　3—金属辊　4—加液辊　5—滴油管　6—刮刀　7—接液盘

三、高宝 Rapida 130-162 型印刷机自动清洗印刷滚筒机构

如图 4—32 所示为高宝 Rapida 130-162 型印刷机自动清洗印刷滚筒机构。印版滚筒、橡皮布滚筒和压印滚筒用每个机组配置的一套组合清洗机构，清洗的横架按照预选的清洗程序在三滚筒之间运动到相应的位置，这种完全由操作台控制的清洗机构保证了对整个印刷滚筒的清洁，大大优于独立的清洗机构，且结构紧凑，节约成本。

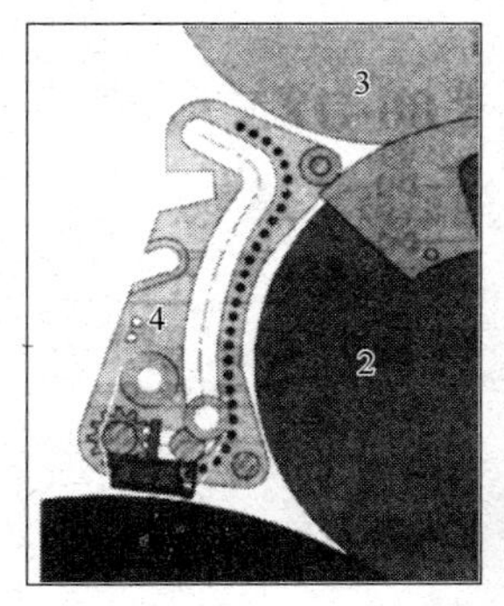

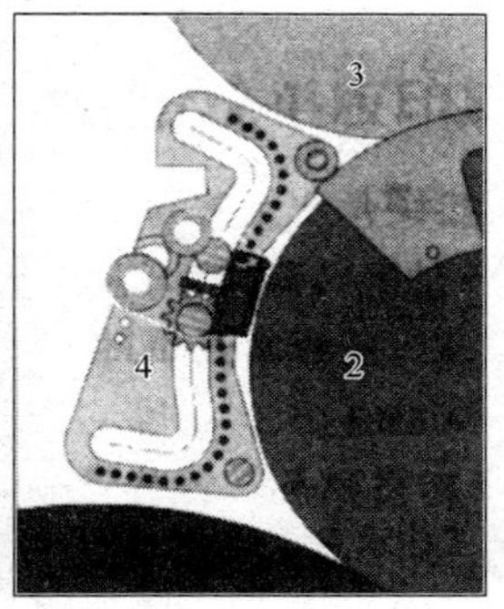

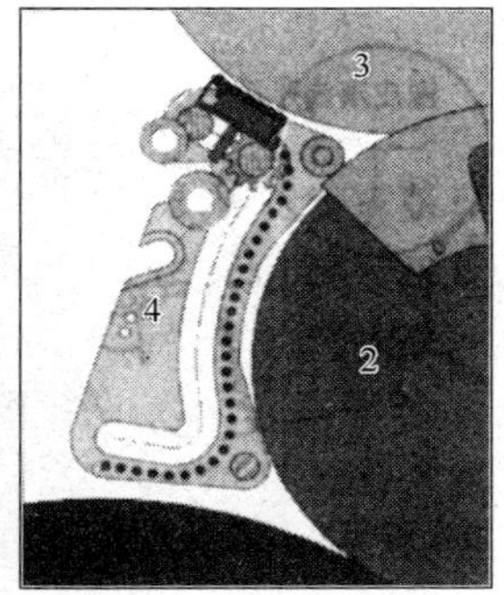

图 4—32　高宝 Rapida 130-162 型印刷机自动清洗印刷滚筒机构

1—压印滚筒　2—橡皮布滚筒　3—压力缓冲器　4—自动清洗装置

思考练习题

1. 单个滚筒一般由哪几部分组成?
2. 肩铁有哪几种? 各有什么特点?
3. 校正版位有哪几种方法?
4. 滚筒中心距一般有哪些测量方法?
5. 简述滚筒中心距调节机构的原理。
6. 印刷压力有哪些检查方法?
7. 简述倍径单滚筒翻转机构的工作原理。
8. 简述钳式叼纸牙翻转机构的工作原理。
9. 简述海德堡 SM 102 系列印刷机橡皮布滚筒自动清洗机构的工作原理。
10. 简述北人 ZXG-08 型滚筒自动清洗装置的工作过程。

第五章　润湿与输墨装置

学习目标

熟悉润湿装置的组成、种类和特点，熟悉输墨装置的组成、作用及性能要求，熟悉供水、供墨装置的工作原理和调节方法，熟悉着水、着墨辊的压力调节要求和调节方法；能熟练调节水、墨量的大小，能准确判断版面水、墨量的大小，能正确校正水、墨辊压力的大小，能正确判断和排除印刷过程中与水、墨相关的印刷故障。

第一节　润湿装置

一、润湿装置的组成

润湿装置又叫输水装置，主要由供水机构、匀水机构、着水机构和自动加水器组成，如图 5—1 所示。

1. 供水机构

供水机构由水斗 1、水斗辊 2 和传水辊 3 组成，其作用是将水斗中的润版液定时、定量地传递给匀水机构。

2. 匀水机构

匀水机构仅有一根窜水辊 4，其作用是将供水机构传来的较厚水层延压打匀后传输给着水机构。

3. 着水机构

着水机构由两根着水辊 5 组成，其作用是将润版液均匀地涂布在印版滚筒 6 上。

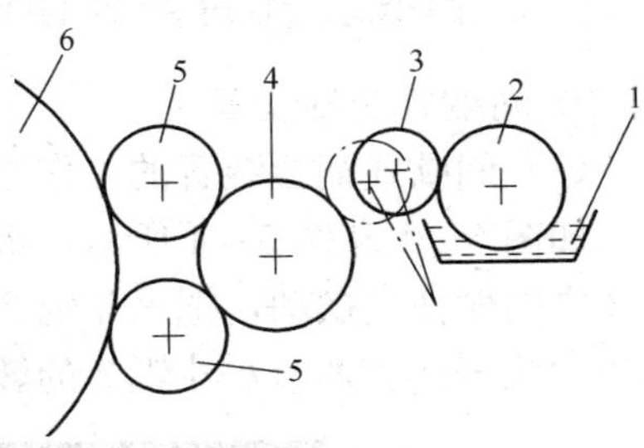

图 5—1　润湿装置的基本组成
1—水斗　2—水斗辊　3—传水辊
4—窜水辊　5—着水辊　6—印版滚筒

4. 自动加水器

自动加水器可以自动补充水斗中的润湿液，使水斗中的液面保持在一定高度，保证供水量均匀一致。常见自动加水器有水泵式和气压式两种。

(1) 水泵式自动加水器

水泵式自动加水器如图 5—2 所示。水斗辊 1 浸在水斗 2 中，水位由出水口 7 控制，装在储水箱 5 中的水由水泵 4 经上水管 3 流进水斗 2 中，当水位升到出水口 7 处时不再上升，多余的水经回水管 6 流回储水箱 5。

水泵式自动加水器的特点是：能使水斗中的润湿液成分均匀一致，保持水斗中润湿液的温度恒定和清洁，特别适用于多色高速印刷机。

(2) 气压式自动加水器

气压式自动加水器是利用空气压力原理来进行自动加水的。如图 5—3 所示，气压式自动加水器由储水箱 2、放水管 3、开关 4 组成，出水口 5 的高度决定水斗中液面的高度。开关 4 在水箱加水时应关闭。随着印刷的不断进行，水斗中液面逐渐降低。当出水口 5 脱离液面时，外面的空气进入储水箱 2，储水箱内的气压升高，排放出一定的润版液进入水斗 6 中，直至液面将出水口 5 淹没，使内外气压达到新的平衡。

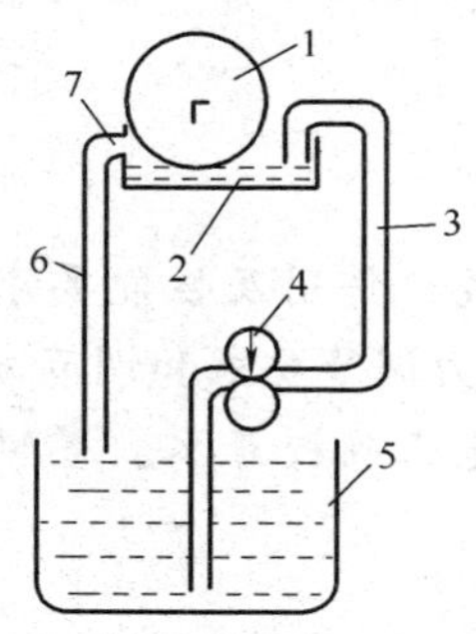

图 5—2　水泵式自动加水器
1—水斗辊　2—水斗　3—上水管　4—水泵
5—储水箱　6—回水管　7—出水口

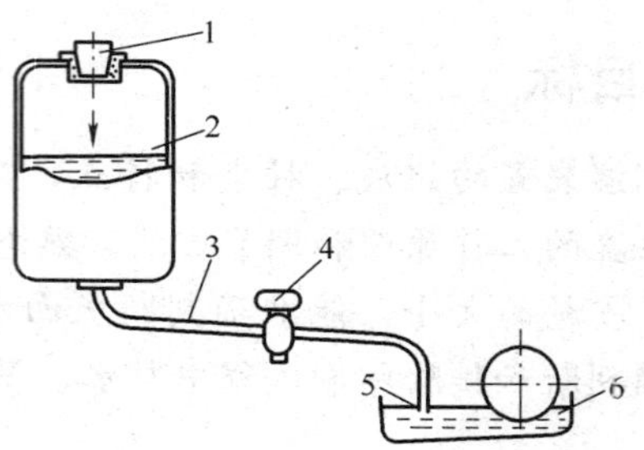

图 5—3　气压式自动加水器
1—密封盖　2—储水箱　3—放水管
4—开关　5—出水口　6—水斗

气压式自动加水器的特点是：结构简单，使用方便，储水箱可放在高处不妨碍操作的地方。

二、润湿装置的种类和特点

1. 间歇式润湿装置

（1）间歇式润湿装置的工作原理

如图 5—1 和图 5—4 所示，水斗辊 2 在水斗 1 中间歇转动，传水辊 3 在窜水辊 4 和水斗辊 2 之间做往复摆动，把水斗辊 2 上的水间歇传输给窜水辊 4，再由着水辊 5 将水均匀地涂布在印版表面。调节水斗辊 2 的转角大小，可以改变供水量的大小。

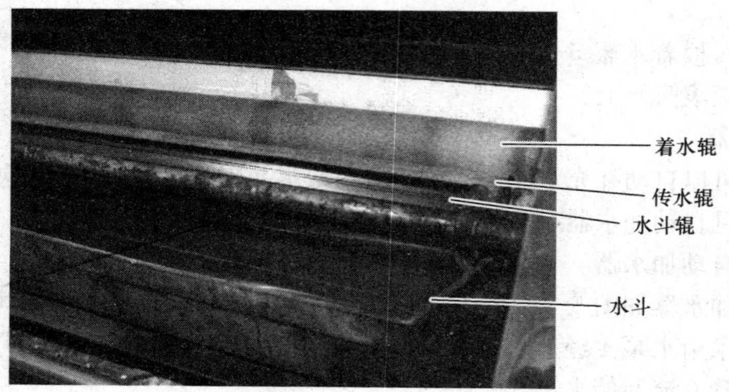

图 5—4　间歇式润湿装置

为提高水斗辊、窜水辊等金属辊表面的亲水性，一般在金属辊表面进行镀锌处理。传水辊和着水辊上包有绒布套，绒布套具有储水作用。

（2）间歇式润湿装置的特点

间歇式润湿装置结构简单，调节方便，且由于绒布套表面吸附性好，增加了润湿液传递的稳定性，但传递给印版表面的水层较厚，调节灵敏度差，且绒布表面易沾油污。J2108 型印刷机上采用该种装置。

2. 连续式润湿装置

（1）毛刷辊式润湿装置

如图 5—5 所示，毛刷水斗辊 2 由直流调速电机驱动，借助刮板 3 将毛刷上沾有的水分弹向匀水辊 4，经窜水辊 5 和两根着水辊 6 向印版供水。供水量的大小由刮板 3 的位置和毛刷水斗辊 2 的转速加以精确控制，减少了润湿液的用量。

该装置由于匀水辊 4 不和毛刷水斗辊 2 直接接触，版面上的纸毛和油墨不会进入水斗 1 而污染润湿液。

（2）计量辊式润湿装置

如图 5—6 所示，水斗辊 1 由直流调速电机驱动，计量辊 2 用于调节水膜厚度，窜水辊 3 与水斗辊 1 的速度方向相反，速差大，有利于将水膜拉薄，着水辊 4 将薄而均匀的水涂布在印版上。匀水辊 5 起匀水作用。调节电机转速和计量辊 2 与水斗辊 1 之间的间隙可控制供水量的大小。进口的现代高速单张纸平版印刷机大多采用计量辊式润湿装置。

该装置供水量的大小调节方便、精确，运转平稳，避免了传水辊摆动所引起的振动。

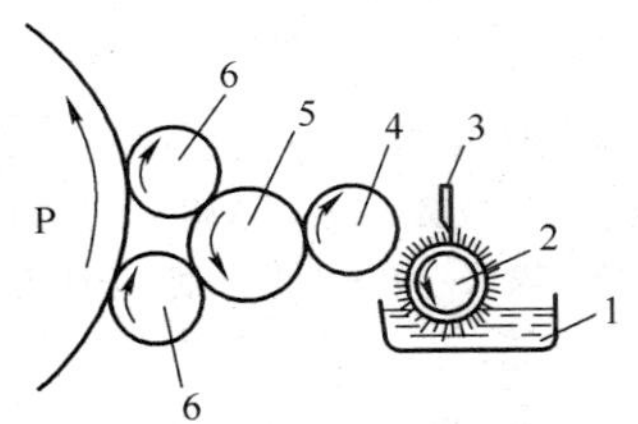

图 5—5　毛刷水斗辊供水润湿装置

1—水斗　2—毛刷水斗辊　3—刮板

4—匀水辊　5—窜水辊　6—着水辊

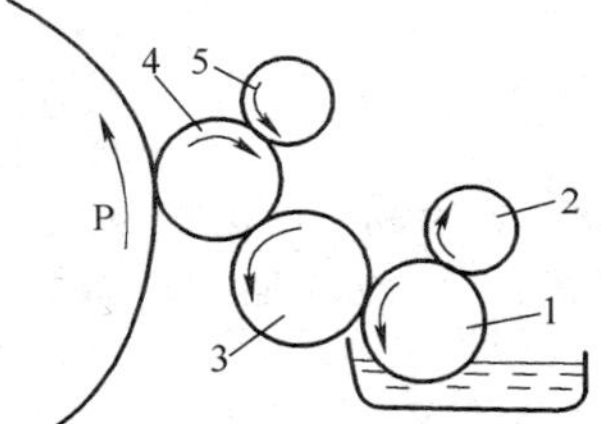

图 5—6　计量辊调节供水量的输水装置

1—水斗辊　2—计量辊　3—窜水辊

4—着水辊　5—匀水辊

（3）达格伦式润湿装置

如图 5—7 所示，水斗辊 2 由无级调速电机传动，计量辊 3 控制着墨辊 4 供水量的大小，水斗辊 2 直接和着墨辊 4 接触，由着墨辊 4 在着墨的同时向印版上水。在正式印刷前，应进行预润湿，使水斗辊 2 和着墨辊 4 接触，向着墨辊 4 供水，达到水墨平衡后着墨辊 4 靠向印版，正常进行工作。供水量的大小可由计量辊 3 控制。

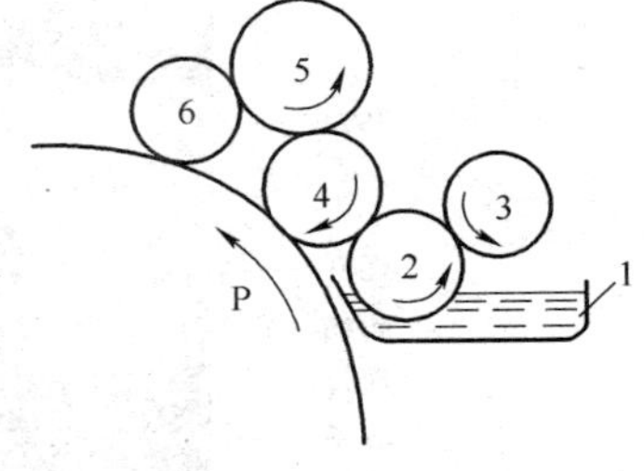

图 5—7　达格伦式酒精润湿装置

1—水斗　2—水斗辊　3—计量辊

4—着墨辊　5—窜墨辊　6—着墨辊

该装置可在正式印刷前达到水墨平衡状态，降低了开印时的废品率；由于没有专用着水辊与印版接触，减小了印版本身的磨损，延长了印版的使用寿命。

连续式供水润湿装置的特点是：没有往复摆动的传水辊；水辊不用绒布套，传出的水量薄而均匀；能较精确地控制水量大小；能很快达到水墨平衡，减少辅助时间。

三、J2108 型平版印刷机润湿装置的调节

1. 供水机构的工作原理和调节

（1）供水机构的工作原理

1）水斗辊的间歇转动。如图 5—8 和图 5—9 所示，窜水辊 20 的端面曲柄 2、连杆 4、摆杆 13 组成曲柄摇杆机构，使摆杆 13 往复摆动。棘爪 18 与棘轮 15 组成棘爪—棘轮机构，当摆杆 13 逆时针转动时，摆杆 13 上的棘爪 18 推动棘轮 15 逆时针转动，从而使水斗辊 14 逆时针转动一个角度；当摆杆 13 顺时针转动时，摆杆 13 上的棘爪 18 在棘轮 15 上滑过，不传动棘轮 15。窜水辊 20 旋转一周，摆杆 13 往复摆动一次，实现水斗辊 14 的间歇转动。

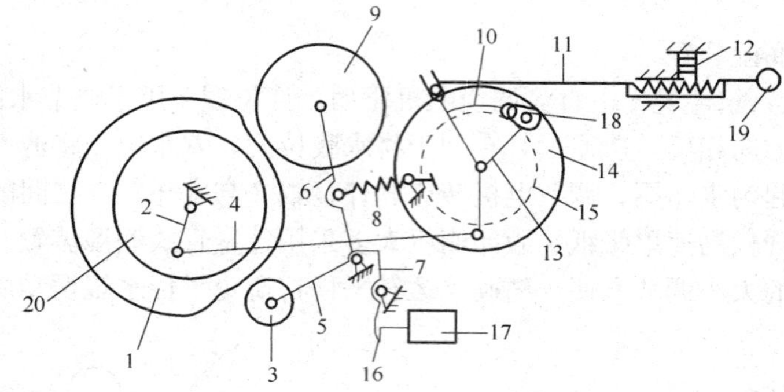

图 5—8　J2108 型平版印刷机供水机构的传动

1—凸轮　2—曲柄　3—滚子　4、11—连杆　5、6、7、13—摆杆　8—拉簧　9—传水辊　10—扇形板　12—弹簧销　14—水斗辊　15—棘轮　16—撑杆　17—电磁铁　18—棘爪　19—调节手柄　20—窜水辊

图 5—9　供水机构的传动部件

2）传水辊的往复摆动。窜水辊 20 的端面凸轮 1 由低点向高点运动时，经滚子 3、摆杆 5 使摆杆 6 克服拉簧 8 的拉力向窜水辊 20 摆动，使传水辊 9 靠向窜水辊 20；当凸轮 1 由高点向低点运动时，摆杆机构（滚子 3、摆杆 5、摆杆 6）由于失去凸轮 1 的推动，在拉簧 8 的作用下，使传水辊 9 靠向水斗辊 14。凸轮 1 旋转一周，传水辊 9 往复摆动一次，实现传水辊 9 的来回摆动。

3）传水辊摆动的自动控制。传水辊的摆动由电磁铁 17 控制撑杆 16 来实现。电磁铁 17 得电时，撑杆 16 逆时针摆动，阻止摆杆 7 下摆，从而阻止传水辊 9 的摆动。电磁铁 17 断电时，撑杆 16 顺时针摆回，传水辊 9 可以实现往复摆动。

（2）供水机构的调节

1）调节要求

①传水辊与窜水辊、水斗辊的压力调节不宜过紧，一般以 0.15 mm 厚的钢片插入后能随手拉出，手感有些阻力即可。

②传水辊与窜水辊之间的压力略大于传水辊与水斗辊之间的压力。

③调节压力时，必须注意对称性，以保证传水辊与窜水辊、水斗辊之间的轴线平行，压力均匀一致。

2）调节方法

①传水辊压力的调节方法。改变拉簧 8 的拉力大小即可调节传水辊与水斗辊之间的压力；改变调节螺钉与摆杆 5 的间隙大小即可调节传水辊与窜水辊之间的压力。

②出水量大小的调节方法。水斗辊转角的大小决定了出水量的多少。拉动调节手柄 19，改变扇形板 10 的位置，控制棘爪 18 对棘轮 15 的推动齿数，调节好后用弹簧销 12 定位，如图 5—10 所示。

图 5—10　出水量调节手柄

2. 窜水辊的传动

如图 5—11 所示，J2108 型平版印刷机上的窜水辊采用三节式结构，由螺钉 4 把两端轴头 1、3 和窜水辊辊体 2 连接起来，便于拆卸。窜水辊表面镀有一层亲水且耐腐蚀的金属材料。为把水打匀，窜水辊既做有旋转运动又做轴向窜动，且表面线速度与印版滚筒表面线速度相等。如图 5—12 所示，窜水辊 11 的转动由印版滚筒轴端齿轮带动，轴向窜动则由下窜墨辊 9 带动窜水拉杆 10 来实现。

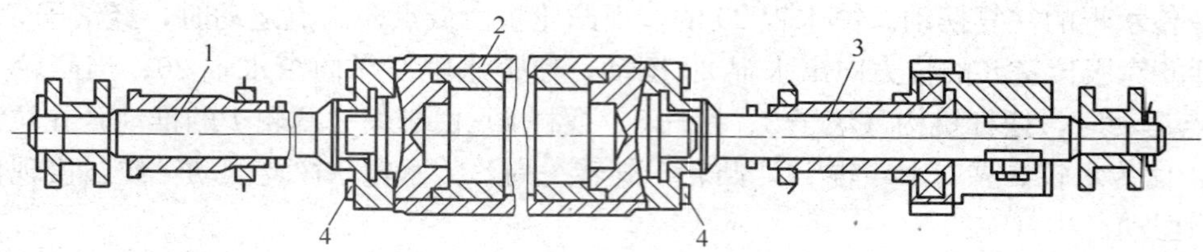

图 5—11　J2108 型平版印刷机的窜水辊

1、3—轴头　2—窜水辊辊体　4—螺钉

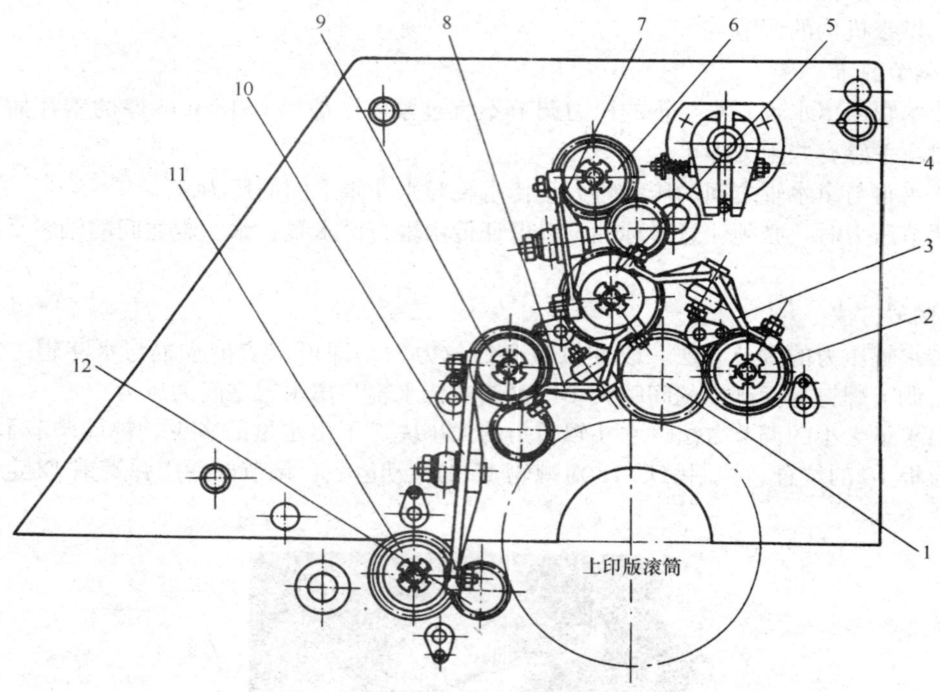

图 5—12　窜墨机构的传动

1—齿轮　2、9—下窜墨辊　3、7、8—拉杆　4—出墨辊　5—主（中）窜墨辊　6—上窜墨辊　10—窜水拉杆　11—窜水辊　12—齿轮

3. 着水辊的压力调节及起落机构

（1）着水辊的压力调节机构

1）调节要求

①着水辊与窜水辊、印版滚筒的压力调节不宜过紧，一般以 40 mm 宽、0.15 mm 厚的钢片插入后，少许用力能将钢片拉出即可。

②着水辊与窜水辊的压力略大于着水辊与印版滚筒的压力。

③调节压力时，必须注意对称性，以保证着水辊与窜水辊、印版滚筒之间的轴线平行，压力均匀一致。

④先调着水辊与窜水辊之间的压力，再调着水辊与印版滚筒之间的压力。

2）调节方法

着水辊的压力调节方法如图 5—13、图 5—14 和图 5—15 所示。

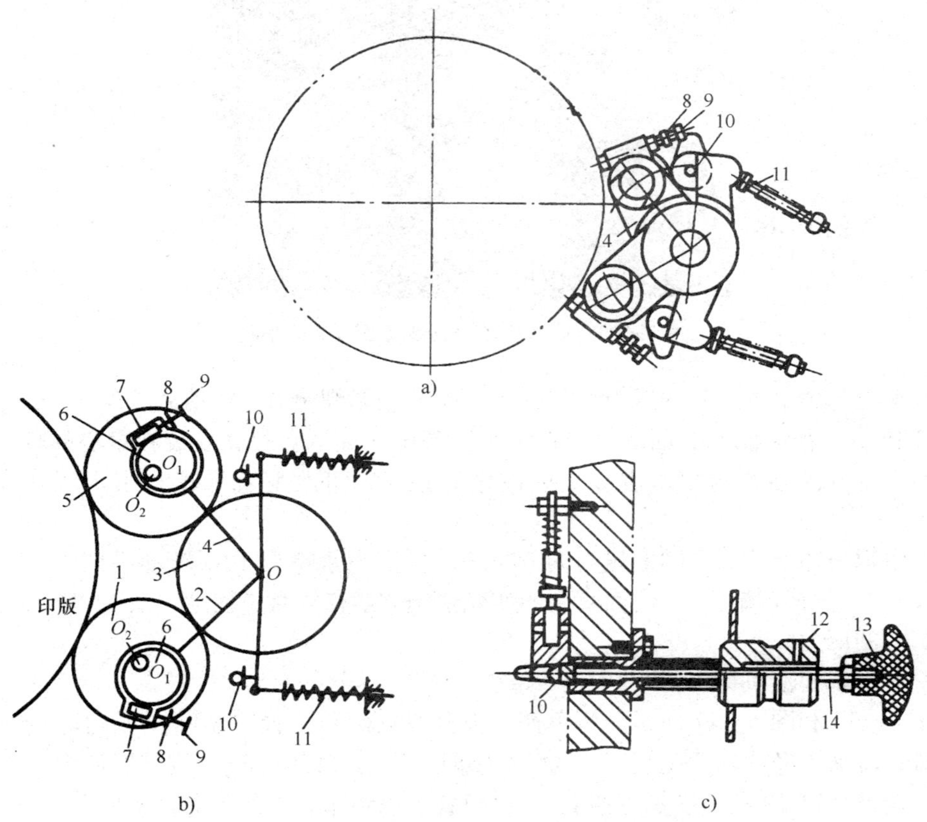

图 5—13　J2108 型平版印刷机着水辊压力调节机构

1、5—着水辊　2、4—调节摆杆　3—窜水辊　6—蜗轮　7—蜗杆　8、12—锁紧螺母　9—调节轮　10—锥头　11—撑簧　13—手柄　14—螺杆

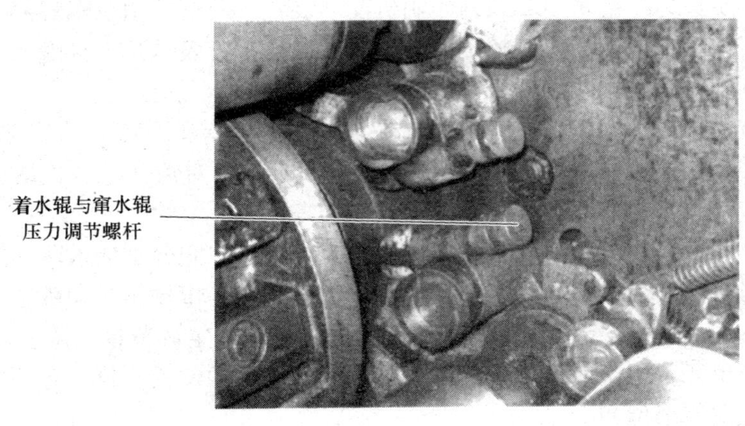

图 5—14　着水辊与窜水辊压力调节螺杆

图 5—15　着水辊与印版滚筒压力调节手柄

①着水辊与窜水辊之间的压力调节方法。松开锁紧螺母 8，转动调节轮 9，使蜗杆 7 带动蜗轮 6 转动，着水辊 5 的轴承安装在轴承套毂中，轴承套毂又安装在偏心蜗轮 6 的内圈中，从而改变着水辊 5 与窜水辊 3 之间的中心距，即可改变着水辊与窜水辊之间的压力大小。

②着水辊与印版滚筒之间的压力调节方法。松开锁紧螺母 12，转动手柄 13，即可改变锥头 10 的左右位置，锥头 10 斜面直径的变化使调节摆杆 4 微量摆动，从而调节着水辊与印版滚筒之间的压力。

（2）着水辊起落机构

如图 5—16 和图 5—17 所示，将手柄 1 扳至双点画线位置，经摆杆 4、连杆 5，带动摆杆 6 逆时针转动，经凸轮 7 使摆杆 8 绕轴 9 顺时针摆动，经摆杆 8、调节螺钉 10 顶起着水辊 11、21（调节螺钉 10 的高度是可调的），使两着水辊和印版表面脱离，实现着水辊与印版滚筒的手动离压。反之，将手柄 1 扳至实线位置，则实现手动合压。

四、海德堡 102 系列印刷机润湿装置的调节

如图 5—18 所示为海德堡 102 系列印刷机润湿装置，所有的调节螺钉都有其特定的调节方向。顺时针转动螺钉表示加大接触压力，逆时针旋转螺钉表示减小接触压力。第一次调节时应使用纸条测试拉力，调节后应用浅色墨来核实结果。

在水辊调节前，应做好以下准备工作：在印版滚筒上装好印版，并将着墨辊 F 调节到正确的位置；安装好连接输墨系统和润湿系统的中间辊 Z；对角套准装置调节到零位；润滑所有的轴承；应使着水辊与印版滚筒有效面对应。

如图 5—19 所示，在传动面和操作面将要调节的辊子之间分别插入两片纸条，将宽度大约 5 cm 的纸条靠在着水辊上，将宽度大约 2 cm 的纸条靠在窜墨辊或印版上，两片纸条的总厚度约为 0.1 mm，通过拉动较窄的纸条时拉力的大小来决定调节量。调节着水辊 A 的压力时，首先将润湿单元合压，使各辊子的位置与生产状态下的位置一致。海德堡 102 系列印刷机润湿装置主要调节部位如下。

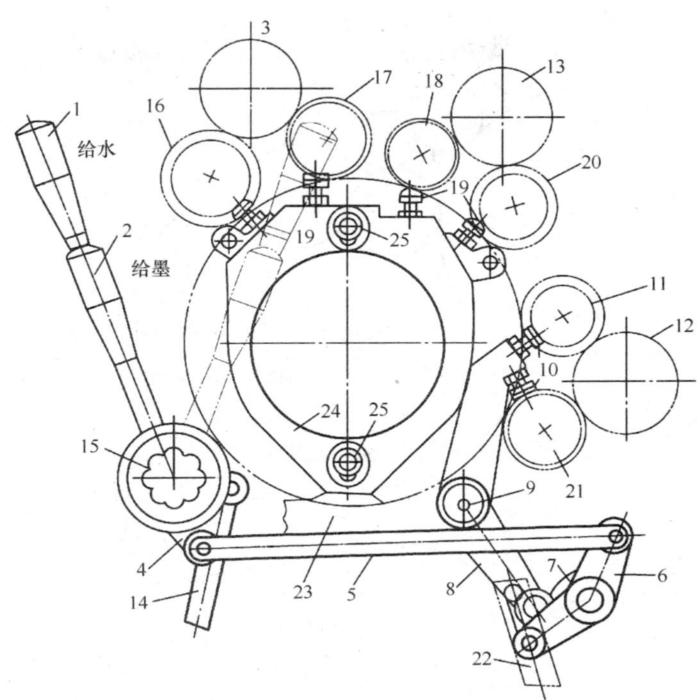

图 5—16　J2108 型平版印刷机着水辊起落机构

1、2—手柄　3、13—窜墨辊　4、6、8—摆杆　5、14—连杆　7—凸轮　9、15—轴　10、19—调节螺钉　11、21—着水辊　12—窜水辊　16、17、18、20—着墨辊　22—拉杆　23—顶杆　24—支架　25—连接螺杆

1. 着水辊 A 与窜水辊 R 之间压力的调节

(1) 如图 5—20 所示，在着水辊 A 与窜水辊 R 之间插入纸条（宽纸条靠向 A），合压润湿单元。

(2) 转动调节螺钉，使 A 和 R 接触，当拉动纸条时，能够畅快地拉出，且操作面和传动面的拉力要相同。取下纸条，此时辊子很容易用手转动。

(3) 在操作面和传动面上顺时针转动调节螺钉 1.5～2 周。

(4) 离压润湿单元。

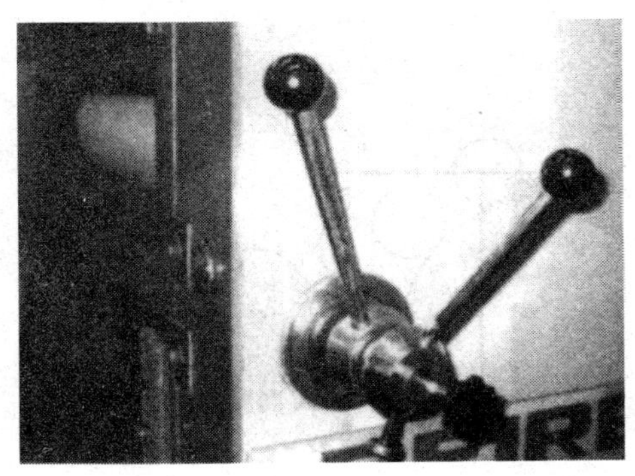

图 5—17　着水辊、着墨辊起落操作手柄

2. 着水辊 A 与印版之间压力的调节

(1) 如图 5—21 所示，在着水辊 A 与印版滚筒之间插入纸条，宽纸条靠向 A。

(2) 按下“设置水辊”按键。

(3) 转动调节螺钉 1 使 A 和印版接触，拉动纸条时，能够畅快地拉出，且操作面和传动面的拉力要相同。顺时针转动螺钉，加大接触压力，逆时针旋转螺钉，减小接触压力。各水辊之间的压力调节参数如图 5—22 所示。

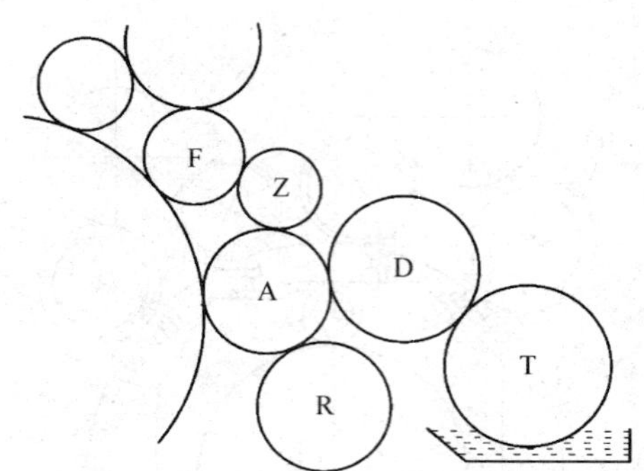

图 5—18　海德堡 102 系列印刷机润湿装置

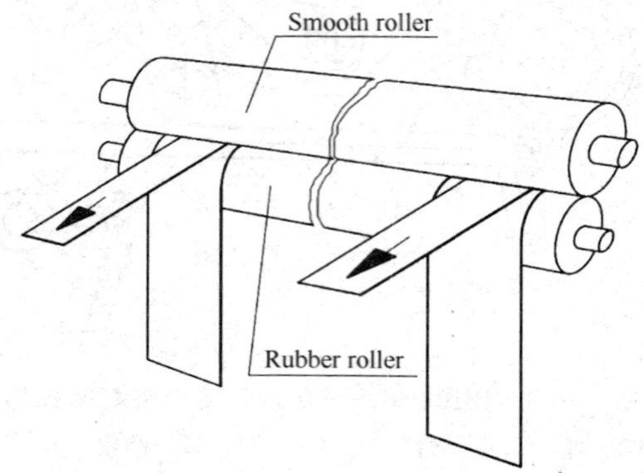

图 5—19　纸条位置

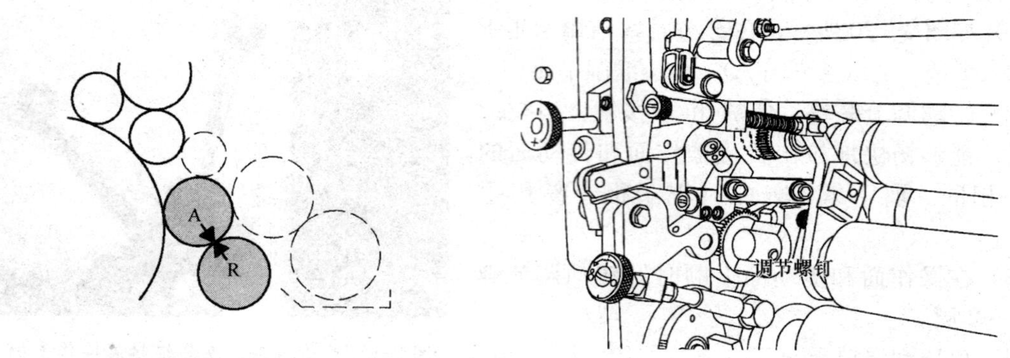

图 5—20　着水辊 A 与窜水辊 R 之间压力的调节

（4）取出纸条，拧紧六角螺钉 2。

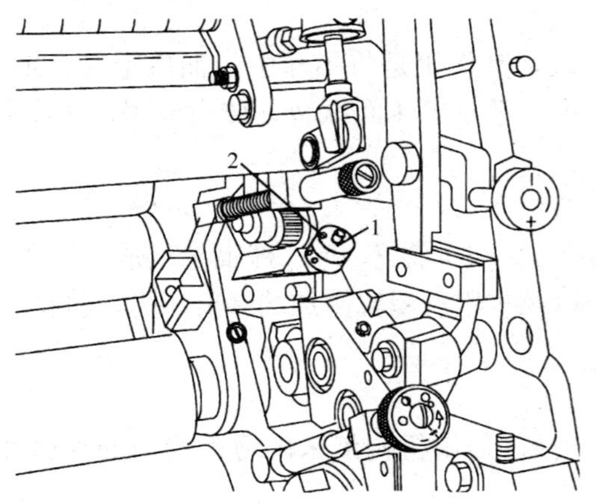

图 5—21　着水辊 A 与印版之间压力的调节
1—调节螺钉　2—六角螺钉

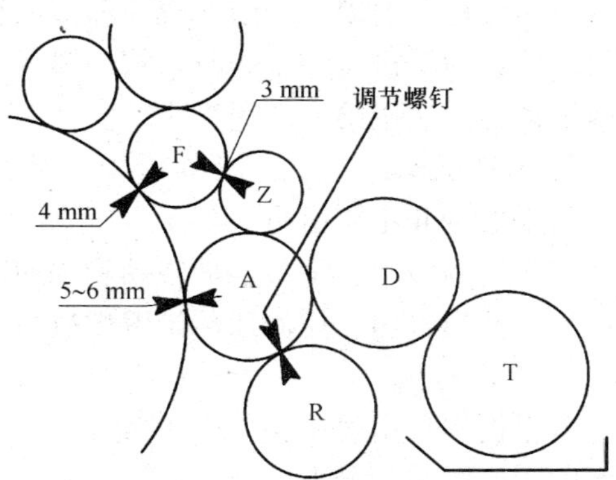

图 5—22　各水辊之间的压力调节参数

第二节　输 墨 装 置

一、输墨装置的组成和结构

根据墨辊作用的不同，输墨装置一般由供墨机构、匀墨机构和着墨机构三部分组成，如图 5—23 所示。

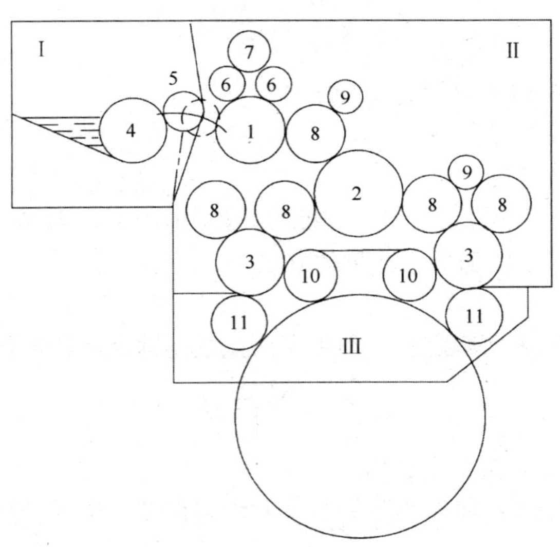

图 5—23　输墨装置的基本组成
Ⅰ—供墨机构　Ⅱ—匀墨机构　Ⅲ—着墨机构
1—上窜墨辊　2—中窜墨辊　3—下窜墨辊　4—墨斗辊
5—传墨辊　6、8—匀墨辊　7、9—重辊
10、11—着墨辊

1. 供墨机构

供墨机构Ⅰ由墨斗、墨斗辊 4 和传墨辊 5 组成，其作用是将墨斗中的油墨定时、定量、均匀地传到匀墨机构。工作时，将油墨置于墨斗中，墨斗辊 4 间歇转动传出油墨，传墨辊 5 来回摆动传递油墨给上窜墨辊 1。

2. 匀墨机构

匀墨机构Ⅱ主要由窜墨辊 1、2、3，匀墨辊 6、8 和重辊 7、9 三种辊子组成。工作时，依靠匀墨辊的转动、窜墨辊的转动和轴向窜动，以及重辊对墨辊施加的必要压力，将供墨机构传来的油墨打匀、拉薄后传给着墨机构。

3. 着墨机构

着墨机构Ⅲ由着墨辊 10、11 组成。工作时，接过匀墨机构传来的薄而均匀的油墨并涂布到印版的图文部分上。

二、输墨装置的工作性能

输墨装置的工作性能与墨辊的材料、工作系数及墨辊的排列有关。

1. 墨辊的材料

由于墨辊要与润版液和油墨接触，墨辊的材料必须具有耐腐蚀性、耐油性和亲油性。为使墨辊之间有良好的接触，硬质辊和软质辊必须相间设置。

2. 工作系数

（1）匀墨系数

匀墨机构所有匀墨辊表面积之和与印版表面积之比称为匀墨系数，以 K_y 表示。

$$K_y=\frac{\pi L\sum d_y}{F_p}$$

式中　$\sum d_y$——匀墨机构所有墨辊直径之和；

L——墨辊有效长度；

F_p——印版表面积。

K_y 反映了匀墨机构将油墨迅速打匀的能力。K_y 值越大，匀墨性能越好，一般 K_y 值为 3～6。增大 K_y 值一般采用增加墨辊数量的方法。

（2）着墨系数

着墨机构所有着墨辊表面积之和与印版表面积之比称为着墨系数，以 K_z 表示。

$$K_z=\frac{\pi L\sum d_z}{F_p}$$

式中　$\sum d_z$——所有着墨辊直径之和。

着墨系数反映了着墨辊传递给印版的油墨的均匀程度。K_z 值越大，着墨均匀程度越好，一般 $K_z>1$。

（3）积墨系数

匀墨机构和着墨机构墨辊表面积总和与印版表面积之比称为积墨系数，以 K_j 表示。

$$K_j=\frac{\pi L\sum d}{F_p}$$

式中 $\sum d$——匀墨机构和着墨机构全部墨辊直径之和。

积墨系数反映了输墨装置中墨辊表面储墨量的多少。K_j 值越大，储墨量越多，但 K_j 过大时，下墨慢，停机后开始印刷时印品墨色加深，一般 K_j 取 4～7。

(4) 打墨线数

在匀墨机构进行油墨转移时，墨辊的接触线数目称为打墨线数，以 N 表示。打墨线数 N 越大，墨辊上油墨层被分割的区域越多，油墨越容易打匀。

(5) 着墨率

某根着墨辊供给印版的墨量与全部着墨辊供给印版的总墨量之比称为着墨率。在 J2108 型平版印刷机上，着墨机构分为两组，按照印版滚筒旋转方向，第一组为着墨组，其着墨量占总着墨量的 80%以上；第二组为匀墨组，其着墨量只占总着墨量的 16%左右。四根着墨辊着墨率大小依次为 41.67%、41.67%、12.49%和 4.17%。

3. 墨路与墨辊的排列

墨路是指从传墨辊开始到着墨辊为止，油墨所经过的最短传递路线。不同机型墨辊有不同的排列形式，墨路不同；即使同一机型的两组着墨辊的墨路也不相同，如图 5—24、图 5—25、图 5—26 和图 5—27 所示。

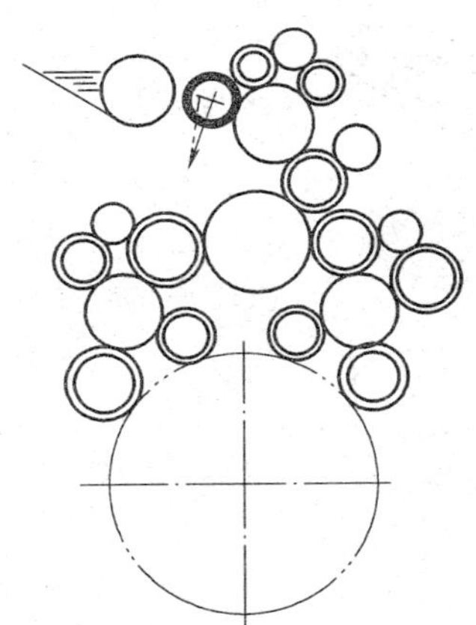

图 5—24 J2108 型平版印刷机的墨辊排列

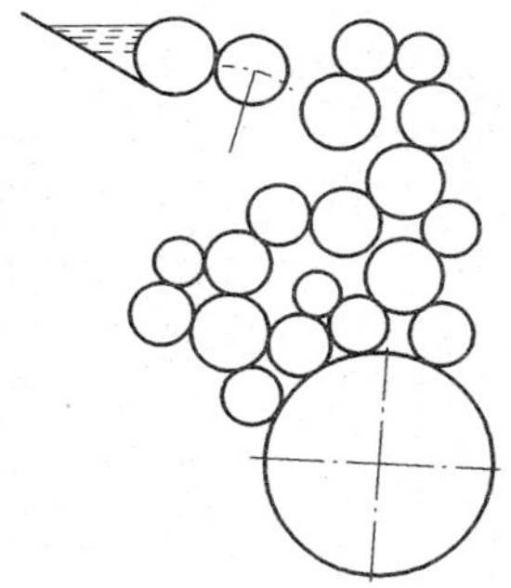

图 5—25 PZ4880-01 型平版印刷机的墨辊排列

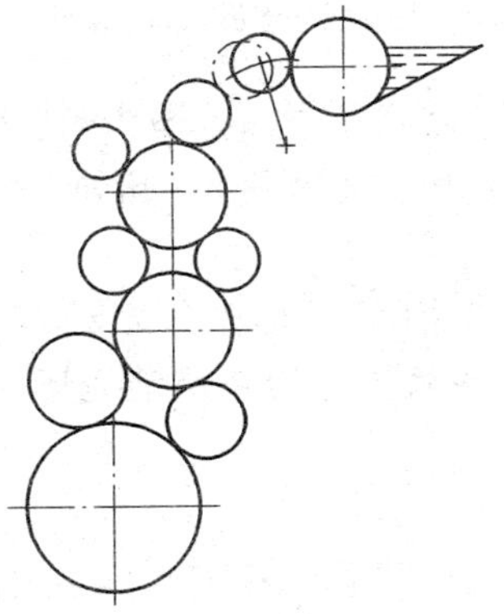

图 5—26 JJ204 型平版印刷机的墨辊排列

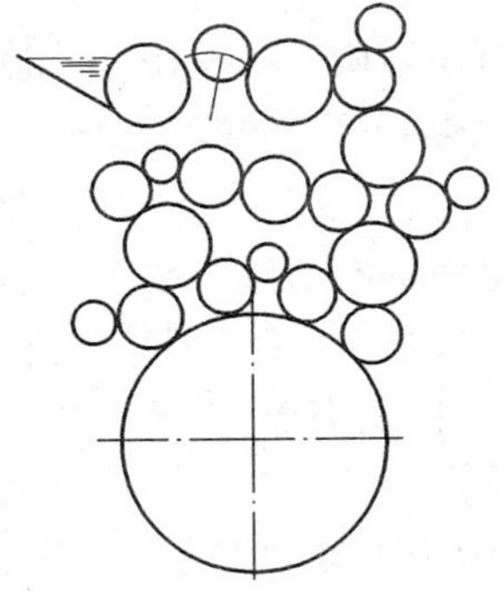

图 5—27 SP 系列平版印刷机的墨辊排列

墨路长，传墨辊与着墨辊的墨层厚度差大，下墨较慢，油墨过多积聚在上部墨辊上。当印刷中途发生故障，滚筒离压空转，待再次合压时，由于上部墨层下到着墨辊，所有墨辊上墨层厚度趋于均匀，着墨辊墨层厚度大于正常印刷时的厚度，使印版图文受墨过多而产生糊版或墨色过深现象。

墨路短，下墨速度快，油墨不能及时打匀，着墨辊墨层厚。

印刷彩色印刷品的印刷机要求墨层薄且均匀，墨路应长一些；印刷文字、线条稿为主的书刊印刷机，需墨量大，墨路可短一些。现代高速单张纸印刷机供墨组的墨路也比匀墨组的墨路要短一些。

三、J2108 型平版印刷机输墨装置的传动与调节

1. 供墨机构的工作原理及调节

（1）墨斗结构及出墨量的调节

J2108 型平版印刷机的墨斗为整体式墨斗，如图 5—28 和图 5—29 所示。

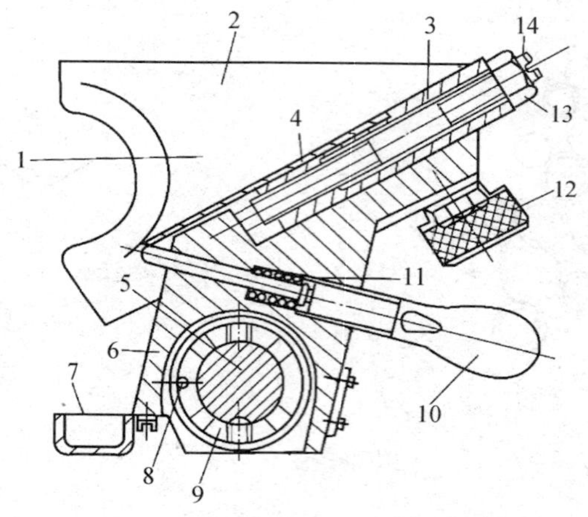

图 5—28　J2108 型平版印刷机墨斗结构

1—墨斗辊　2—墨斗侧挡板　3—刀片座　4—墨斗刀片　5—支撑轴　6—墨斗座　7—接墨槽　8—扭簧　9—调节螺母　10—墨斗调节螺钉　11—撑簧　12—锁紧螺母　13—紧固螺母　14—螺杆

1）墨斗结构。墨斗由墨斗座 6、墨斗辊 1、刀片座 3、墨斗刀片 4、墨斗侧挡板 2、紧固螺母 13、螺杆 14、锁紧螺母 12、墨斗调节螺钉 10、撑簧 11、支撑轴 5、扭簧 8 和接墨槽 7 等组成。

2）墨斗辊的清洗。松开左右两个锁紧螺母 12，并向上抬起，将墨斗绕支撑轴 5 顺时针转动一个角度，使墨斗刀片 4 离开墨斗辊 1，即可清洗墨斗和墨斗辊。清洁完毕后，将墨斗转回原处，再紧固螺母 12。

3）出墨量的调节

①整体出墨量的调节。松开紧固螺母 13，转动螺杆 14 调节墨斗刀片 4 在墨斗上的位置，即可调节整体墨斗刀片 4 与墨斗辊 1 之间的间隙，以满足出墨量的要求。

图 5—29　墨斗和墨斗辊结构

②局部出墨量的调节。根据印版图文布局对墨量大小的不同需求，调节轴向排列的若干个墨斗调节螺钉 10，进而改变局部墨斗刀片 4 和墨斗辊 1 的间隙，以实现局部出墨量的调节，如图 5—30 所示。

图 5—30　局部出墨量的调节（刀片与墨斗辊间隙大小的调节）

出墨量的大小除与上述出墨量调节有关外，还与墨斗辊的转角大小有关。转角大，出墨量也大，反之亦能。其调节方法如图 5—31 所示。拉动手柄 6，使扇形板 7 的位置改变，从而使棘爪 9 推动棘轮 10 的转角改变，墨斗辊 11 的转角也随之改变，出墨量即可得到调节。

（2）供墨机构的传动原理

1）墨斗辊的间歇转动。如图 5—31 所示，凸轮 22 上的曲柄 1、连杆 3、摆杆 13 组成曲柄摇杆机构，曲柄 1 旋转时带动摆杆 13 往复摆动；经摆杆 13 上的棘爪 9，推动棘轮 10 间歇运动，从而使墨斗辊间歇转动。

2）传墨辊的往复摆动。如图 5—31 所示，凸轮 22 由低点向高点运动时，经滚子 21、摆杆 20、摆杆 19、调节螺钉 18、使摆杆 4 克服拉簧 14 的拉力，使传墨辊 5 摆向上窜墨辊 2；凸轮 22 由高点向低点运动时，在拉簧 14 的作用下，使传墨辊 5 摆向墨斗辊。

3）传墨辊的自动控制。如图 5—31 所示，传墨辊的摆动由电磁铁 17 控制撑杆 16 来实现。

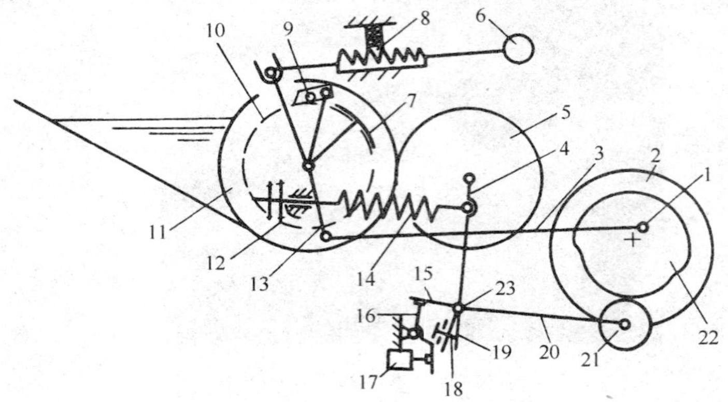

图 5—31 供墨机构的传动原理

1—曲柄 2—上窜墨辊 3—连杆 4、13、19、20—摆杆 5—传墨辊 6—手柄 7—扇形板 8—弹簧销 9—棘爪 10—棘轮 11—墨斗辊 12—调节螺母 14—拉簧 15—小档杆 16—撑杆 17—电磁铁 18—调节螺钉 21—滚子 22—凸轮 23—轴

（3）供墨机构的调节

1）调节要求。与供水机构的调节要求大致相同。

2）调节方法

①传墨辊与窜墨辊之间压力的调节。如图 5—31 和图 5—32 所示，转动调节螺钉 18，可以调节传墨辊与窜墨辊之间的压力。调节时应松开螺钉 18，慢慢转动机器，使滚子 21 与凸轮 22 的高点部分对应，再调节螺钉 18，使传墨辊与窜墨辊之间的压力合适。

②传墨辊与墨斗辊之间压力的调节。如图 5—31 和图 5—33 所示，调节螺母 12，改变拉簧 14 的拉力大小即可调节传墨辊与墨斗辊之间的压力。此时滚子 21 与凸轮 22 的低点部分对应，且有微量间隙。

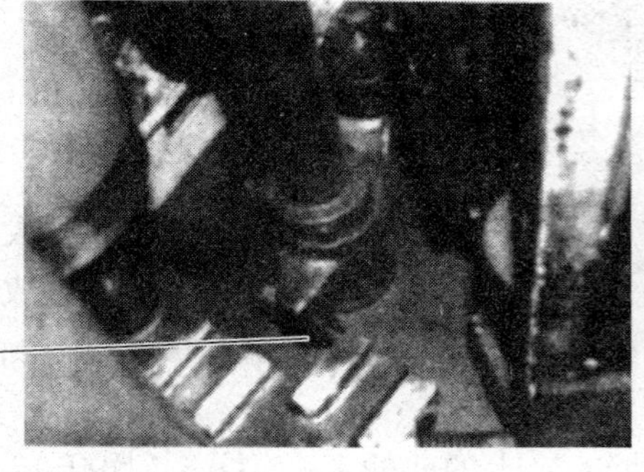

图 5—32 传墨辊与上窜墨辊压力调节螺钉

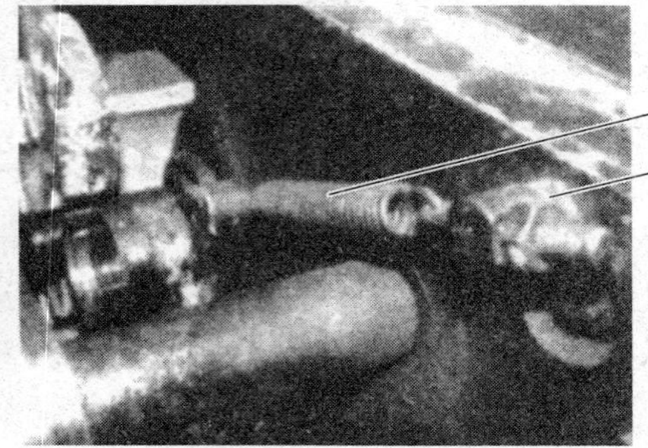

图 5—33 传墨辊与墨斗辊压力调节螺母

2. 窜墨辊的传动

（1）窜墨辊的结构

J2108 型平版印刷机上的窜墨辊与窜水辊一样采用三节式结构，便于拆卸。如图 5—34 所示，两端轴头 1、2 用紧固螺钉 3 与辊体 4 固定在一起。松开紧固螺钉 3，拉开两端轴头

1、2，便可卸下辊体4。

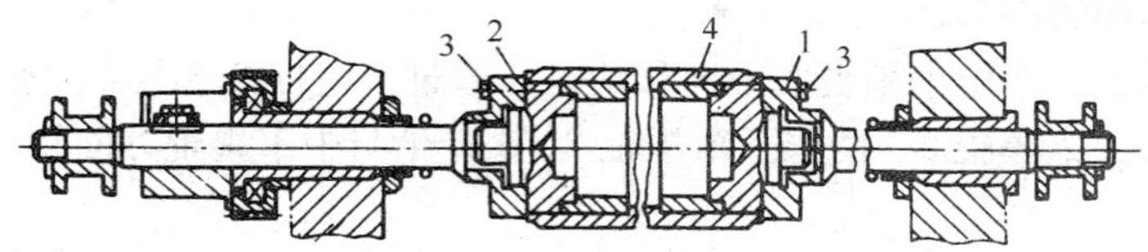

图5—34　窜墨辊结构

1、2—轴头　3—紧固螺钉　4—辊体

窜墨辊表面镀有一层亲油且耐腐蚀的金属材料。为把墨打匀，匀墨机构中设置了四根窜墨辊。窜墨辊既做旋转运动又做轴向窜动，且表面线速度与印版滚筒表面线速度相等。窜墨辊的转动由印版滚筒轴端齿轮带动，中窜墨辊的轴向窜动由偏心摆杆机构推动其轴端鼓形轮来实现，如图5—35所示。

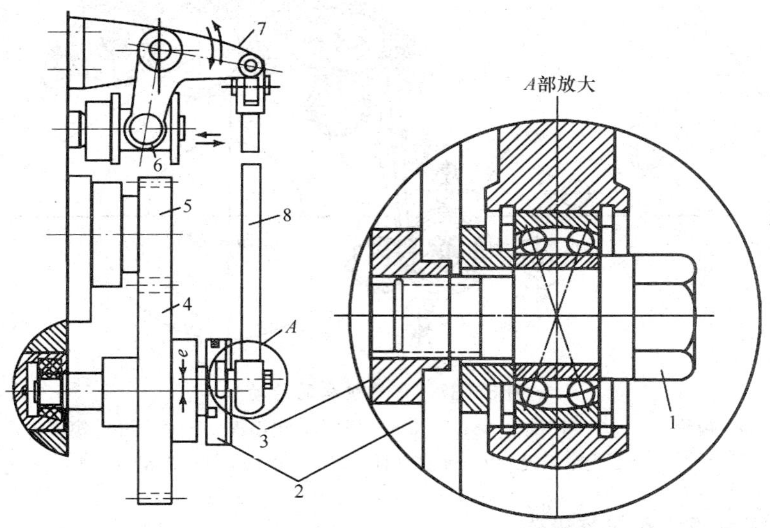

图5—35　J2108型平版印刷机曲柄—杆式中窜墨机构

1—螺钉　2—圆盘　3—T形块　4、5—齿轮　6—滚子　7—摆杆　8—连杆

(2) 中窜墨辊的窜动

图5—36　连杆螺钉未紧固

如图5—35和图5—36所示，带有滑槽的圆盘2安装在齿轮4的轴端，圆盘上装有T形块3，T形块在滑槽中的位置由螺钉1来调节。传动方式是：安装在印版滚筒轴端的齿轮5经齿轮4，使T形块3偏心转动带动连杆8上下运动，从而使摆杆7摆动，而摆杆7上的滚子6带动中窜墨辊轴向串动，串动量由T形块3的偏心位

置决定，串动范围为0～25 mm。

（3）上、下窜墨辊的窜动

如图5—37所示，当中窜墨辊5轴向移动时，通过一组杠杆3、7、8带动上、下窜墨辊轴端的鼓形轮，使上窜墨辊6、两根下窜墨辊2、9产生与中窜墨辊方向相反的轴向运动。

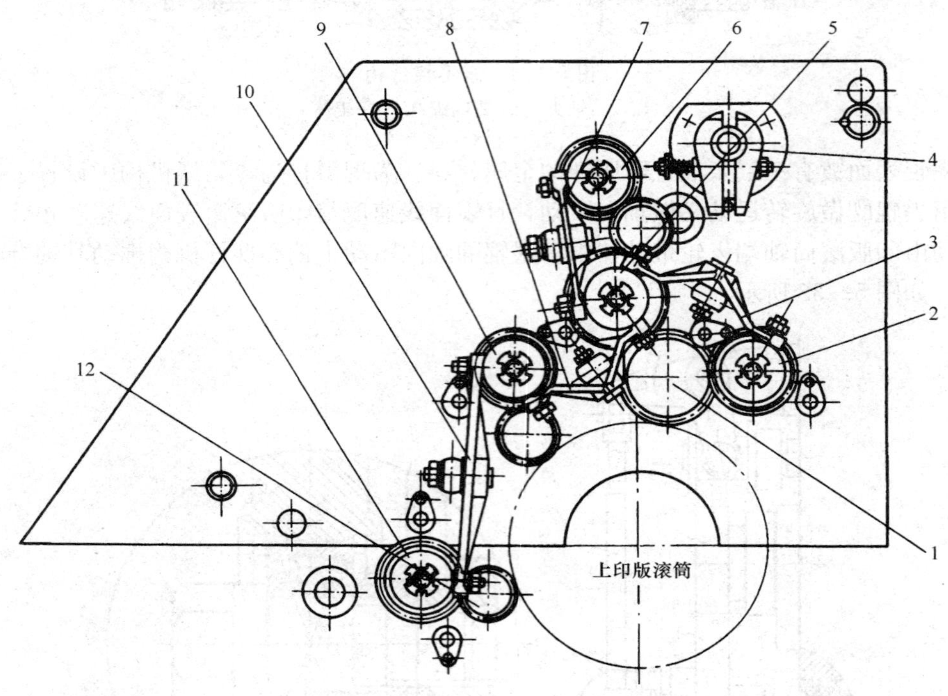

图5—37　窜墨机构的传动

1—齿轮　2、9—下窜墨辊　3、7、8—杠杆　4—出墨辊　5—主（中）窜墨辊　6—上窜墨辊　10—窜水杠杆　11—窜水辊　12—齿轮

3. 着墨辊压力调节和起落机构

（1）着墨辊压力调节机构

1）调节要求。与着水辊压力调节机构的调节要求大致相同。

2）调节方法

①着墨辊和窜墨辊之间压力的调节。如图5—38和图5—39所示，转动蜗杆12，斜齿轮13转动，斜齿轮13偏心安装在着墨辊轴端，带动着墨辊偏心转动，即可调节着墨辊和窜墨辊之间的压力。

②着墨辊和印版滚筒之间压力的调节。如图5—38所示，松开锁紧螺母7，顺时针转动调节螺杆6，经锥头1的斜面推动摆杆2、4绕O轴顺时针微量转动，推动摆杆3、5绕O轴逆时针微量转动，着墨辊8、9、10、11与印版滚筒之间的压力减小，反之，压力增大。

（2）着墨辊起落机构

1）着墨辊的自动起落机构。如图5—40所示，连接杆4的一端和连杆3相连，另一端和滚筒离合压轴上的摆杆相连。当印刷滚筒离压时，连接杆4上升推动连杆3顺时针转动，

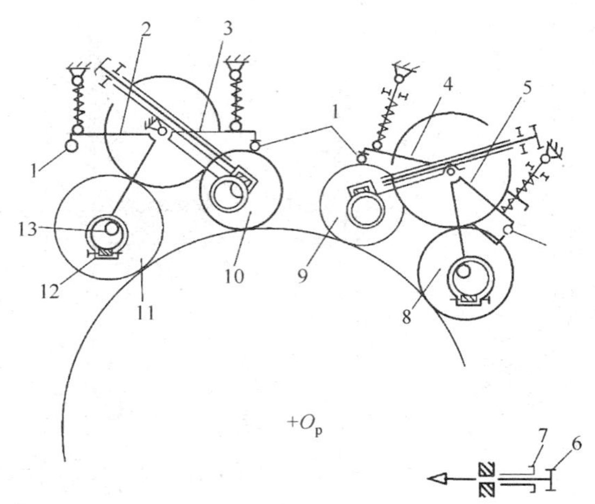

图 5—38 J2108 机着墨辊压力调节机构

1—锥头 2、3、4、5—摆杆 6—调节螺杆 7—锁紧螺母 8、9、10、11—着墨辊 12—蜗杆 13—斜齿轮

图 5—39 着墨辊与窜墨辊的压力调节螺钉（着墨辊未装）

经滑键 20 和键槽带动轴 16 转动一角度，在轴 16 上装有凸轮 11 和 6，当凸轮 11 和 6 由低点转动到高点时，推动上离墨杆 7 顺时针转动，离墨杆上四个调节螺钉 1 顶动四根着墨辊离开印版表面，如图 5—41 所示。反之，当凸轮 11 和 6 转动到低点时，四根着墨辊在重力作用下和印版接触。

2）手动离合压机构。如图 5—40 所示，在印刷机操作面轴 16 上装有离水手柄 21 和离墨手柄 23，手动起落着墨辊时，向里推动推杆 2，并用锁紧螺钉顶住，则滑键 20 向左移动，脱离键槽，不能使轴 16 及其上面的凸轮 11、6 转动，使着墨辊无法自动起落，只能由人工控制手动起落。

四、海德堡 Speedmaster CD 102 系列印刷机输墨装置的调节

海德堡 Speedmaster CD 102 系列印刷机的墨辊排列如图 5—42 所示，其参数见表 5—1。

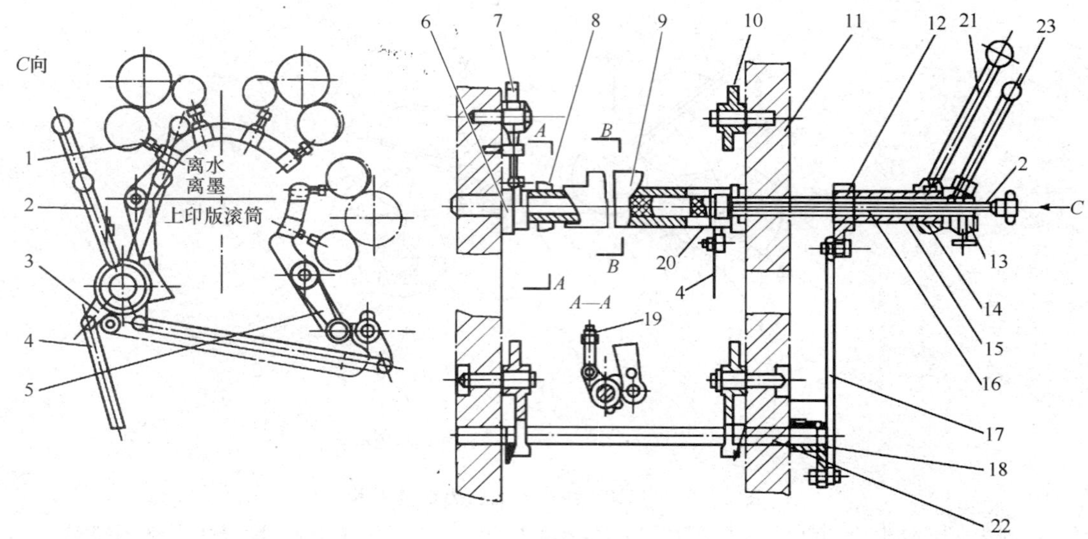

图 5—40　J2108 型印刷机着墨辊起落机构

1—调节螺钉　2—推杆　3、12—连杆　4、17—连接杆　5—离水杆　6、8、11—凸轮　7、10—离墨杆　9—蜗杆　13、14—手柄座　15—连接套　16—轴　18—摆杆　19—调节螺母　20—键　21—离水手柄　22—离水凸轮　23—离墨手柄

图 5—41　着墨辊离合量调节螺钉

表 5—1　　海德堡 Speedmaster CD 102 系列印刷机的墨辊参数

	名称	直径	颜色标识	备注
1	第二根靠版墨辊	72 mm	蓝	胶辊
2	第三根靠版墨辊	66 mm	红	胶辊
3	传墨辊	56 mm	—	中间辊（聚酰胺纤维）
4	匀墨辊	80 mm	黄	传墨辊，胶辊

续表

	名称	直径	颜色标识	备注
5	传墨辊	68 mm	—	中间辊（聚酰胺纤维）
6	匀墨辊	72 mm	绿	传墨辊，胶辊
7	传墨辊	56 mm	—	中间辊（聚酰胺纤维）
8	匀墨辊	60 mm	白	传墨辊，胶辊
9	匀墨辊	66 mm	红	传墨辊，胶辊
10	传墨辊	56 mm	—	匀墨辊（聚酰胺纤维）
11	匀墨辊	80 mm	黄	传墨辊，胶辊
12	传墨辊	68 mm	—	匀墨辊（聚酰胺纤维）
13	第四根靠版墨辊	80 mm	黄	胶辊
14	第一根靠版墨辊	60 mm	白	胶辊
15	传墨辊	60 mm	—	平行启动的舔墨辊和胶辊
A	窜墨辊	85 mm	—	聚酰胺纤维辊子
B	窜墨辊	85 mm	—	聚酰胺纤维辊子
C	窜墨辊	85 mm	—	聚酰胺纤维辊子
D	窜墨辊	85 mm	—	聚酰胺纤维辊子
E	涂布墨辊	85 mm	—	匀墨辊（聚酰胺纤维）

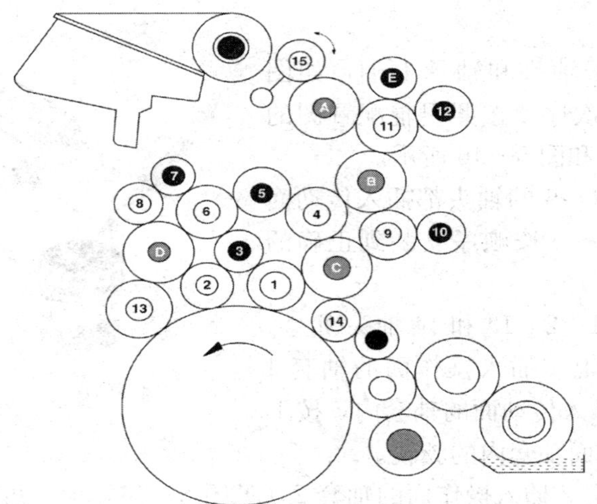

图 5—42 海德堡 Speedmaster CD 102 系列印刷机的墨辊排列

1. 着墨辊的装拆与压力调节

(1) 拆卸靠版墨辊

1）启动安全按键，拆除墨刀。

2）打开操作面护罩。

3）松开锁紧螺钉 1，如图 5—43 所示，打开靠版墨辊的锁。

4）向内推动保护轴套 3，同时拔出螺杆 2，如图 5—43 所示。

5）关闭操作面护罩。

6）向右旋转胶辊 13、2 以及 14、1 操作面和传动面轴套上的调节螺钉（见图 5—44）两圈，辊子会很容易地从窜墨辊上脱离开来。

需要注意的是：印刷机处于安全操作模式，不能启动或点动。

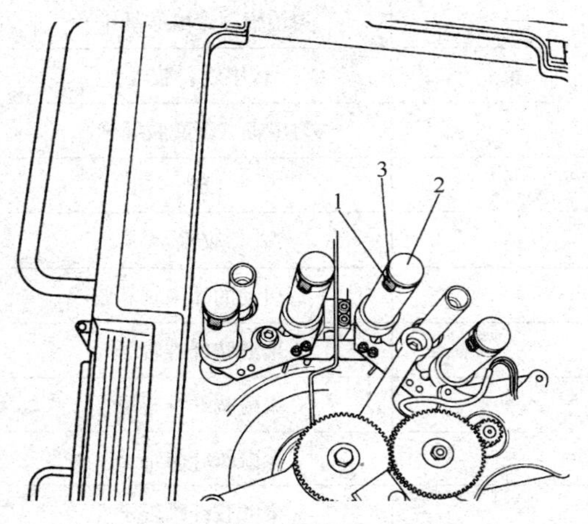

图 5—43　操作面护罩

1—锁紧螺钉　2—螺杆　3—轴套

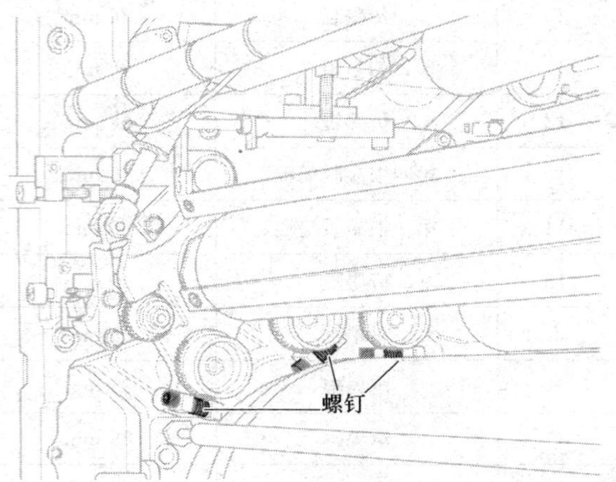

图 5—44　传动面和操作面的调节螺钉

（2）安装墨辊

安装之前，给辊子轴头和轴承上油，如图 5—45 所示。墨辊安装次序要按照墨辊配置图的标号次序，如图 5—42 和图 5—46 所示。

图 5—45　墨辊轴头

1）首先，将墨辊 1～6 的轴头都插入传动面的凹槽中，再将墨辊 1～6 按顺序安装到正确的位置。

2）打开靠版墨辊 1、2、13 和 14 轴头锁。

3）将蓝色靠版胶辊 1 插入操作面的轴套 1（见图 5—46）中，再推入传动面的轴套内，按下并锁紧轴套，紧固操作面轴套内的胶辊。

4）将红色靠版胶辊 2 插入操作面的轴套 2（见图 5—46）中，再推入传动面的轴套内，按下并锁紧轴套，紧固操作面轴套内的胶辊。

5）按顺序将墨辊 3～12 安装到相应的位置。

6）将黄色靠版辊 13 和白色靠版辊 14 先插入操作面的轴套，再推入传动面的轴套内，按下并锁紧螺钉，就紧固了靠版辊 13 和 14。

(3) 调节靠版辊与窜墨辊之间的压力

调节靠版辊与窜墨辊的压力的一般方法是：调节压力的螺钉位于相应轴套锁的下方。向右旋转螺钉可以增加压力，向左旋转减少压力，如图 5—47 和图 5—48 所示。

压力检测的一般方法是：在墨路里加入适量的浅色油墨，运转机器，将油墨打匀后停止印刷机，几秒钟后墨辊间就会出现压痕。反向点动机器直至看到压痕。

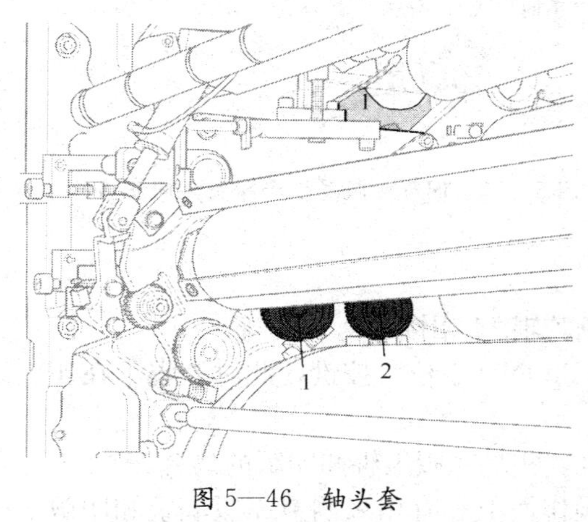

图 5—46 轴头套
1、2—轴套

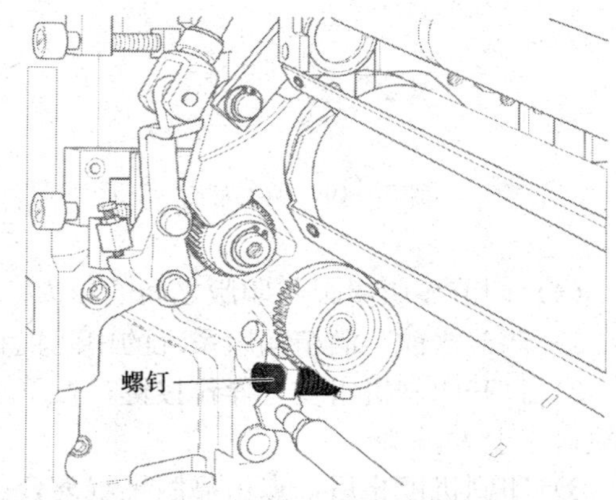

图 5—47 调节靠版墨辊压力

1) 调节着墨胶辊 1、14 和窜墨辊 C 之间的压力

①将传动面和操作面的压痕宽度都调至 4 mm。

②顺时针调节螺钉（见图 5—47）使压痕加宽，逆时针调节螺钉使压痕变浅。

2) 调节着墨胶辊 2、13 与窜墨辊 D 之间的压力

①将传动面和操作面的压痕宽度都调至 4 mm。

②顺时针调节螺钉（见图 5—47）使压痕加宽，逆时针调节螺钉使压痕变浅。

③通过调整螺钉（见图 5—49），调节红色墨辊 9 和窜墨辊 B 之间的压力。窜墨辊 B 在红色墨辊 9 的上方，点动印刷机直至看到压痕。压痕宽度调至 4 mm。

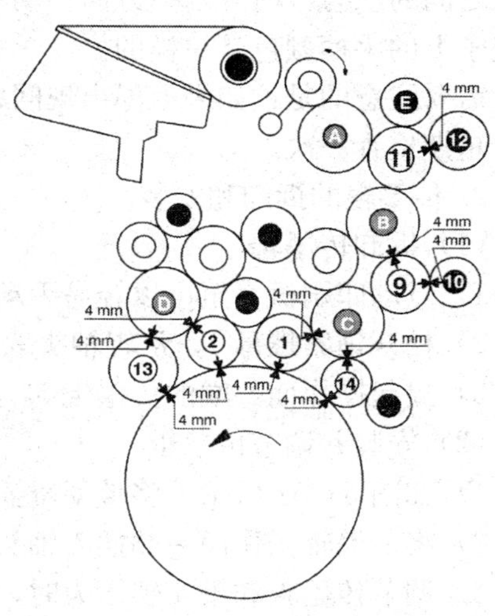

图 5—48 墨辊配置

④红色墨辊 9 与窜墨辊 C 之间的压力是通过调节聚酯胺纤维辊子 10 施加到窜墨辊 C 上的压力来实现的。压痕宽度调至 4 mm。

⑤聚酯胺纤维辊子 10 和胶辊 9、聚酯胺纤维辊子 12 和胶辊 11 之间的压痕宽度均调至 4 mm。顺时针转动调节螺丝，压痕加宽；逆时针转动调节螺丝，压痕变窄。

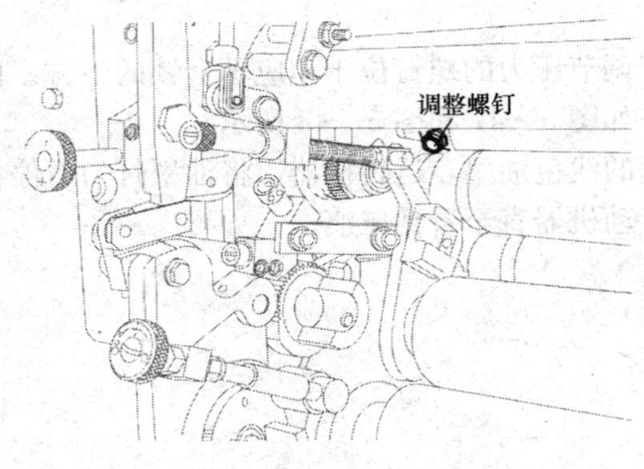

图 5—49 调整螺钉

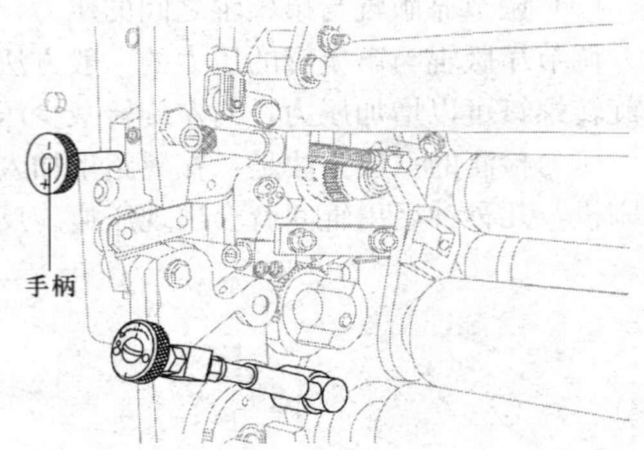

图 5—50 调节靠版墨辊和印版之间压力的手柄

（4）调节靠版墨辊与印版之间的压力

1）调节之前，酒精润版系统的中间辊和白色胶辊 14 相接触。

2）打开印刷机组安全操作按键，按下 POSITION（定位）按键，此时墨辊不在印版滚筒缺口正上方。

3）印刷机停止后，点击靠版墨辊离合压按键，实现靠版墨辊和印版的离合。

4）点动检测印版上墨痕宽度。在传动面和操作面上都有用来调节靠版墨辊和印版之间压力的手柄（见图 5—50），手柄上有“＋/－”标符。向“＋”方向转动手柄，增加印版和墨辊之间的压力；向“－”方向转动手柄减少压力。靠版墨辊的四个锁都有颜色标识，与相应辊子上的手柄颜色是一样的。

需要注意的是：如果上墨出现问题，可以检查胶辊 1、2、13 和 14 与印版的压力。至少一个星期检查一次。

2. 传墨辊的拆卸和安装

（1）拆卸传墨辊

1）点动印刷机直至可以轻易手动转动传墨辊。

2）松开锁紧螺母 1，从辊轴头取出插销 2，如图 5—51 所示。

3）提起操作面一端的传墨辊 5，将其从轴头座中拆卸下来。

（2）安装并调节传墨辊

1）如图 5—51 所示，将传墨辊插入传动面的轴头座中。

2）将传墨辊操作面一端插入轴头套中。将锁块旋转过墨辊轴头，锁紧螺母，固定墨辊。

3）调节传墨辊和墨斗辊压力时，点动印刷机直至传墨辊完全靠住墨斗辊。

4）在传动面和操作面轻轻拧紧调节螺钉 3（见图 5—51）。使传墨辊和墨斗辊轻轻接触，并产生 4 mm 宽的压痕。顺时针旋转增加印痕宽度；逆时针旋转减少印痕宽度。

5）调节完毕后锁紧螺母。

6）调节传墨辊和窜墨辊 A 压力时，点动印刷机直至传墨辊完全靠住窜墨辊。

7）在传动面和操作面轻轻拧紧调节螺钉 4（见图 5—51）。传墨辊和墨斗辊轻轻接触，并产生 4 mm 宽的压痕。顺时针旋转增加印痕宽度；逆时针旋转减少印痕宽度。

8) 调节完毕后锁紧螺母。

需要注意的是：不可以将传墨辊和其他辊子靠得太紧，否则虽只轻微影响墨痕宽度变化，但会损伤辊子和轴承；如果上墨出现问题，可以检查传墨辊 15 到墨斗辊和窜墨辊 A 的压力。至少一个星期检查一次。

3. 墨辊的清洗

如图 5—52 所示，清洗墨辊的步骤如下。

(1) 启动印刷机。

(2) 向墨辊上喷洒洗车水。

(3) 打开匀墨装置前的护罩。

(4) 向上推动铲墨器 1（见图 5—52），将销子 2 推入支架 3。

(5) 关闭护罩。

(6) 运转印刷机速度达 7 000 印/h。

(7) 通过护栏喷洒水和洗车水，直至清洁干净。

(8) 停止印刷机，打开护罩。

(9) 提起支架 3（见图 5—52），将铲墨器 1 拉下来。

(10) 关上护罩。

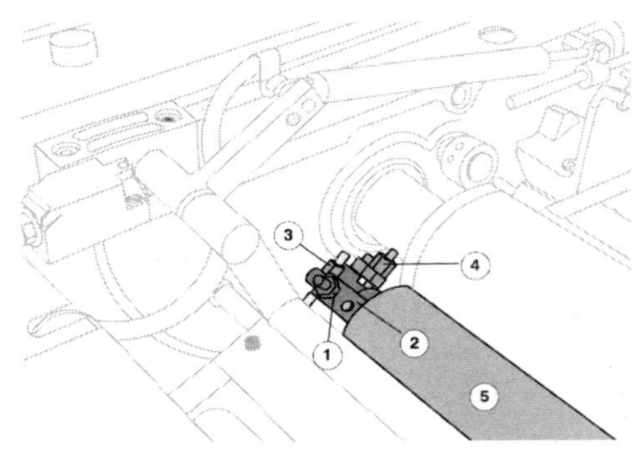

图 5—51　传墨辊压力调节机构

1—锁紧螺母　2—插销　3、4—调节螺钉　5—传墨辊

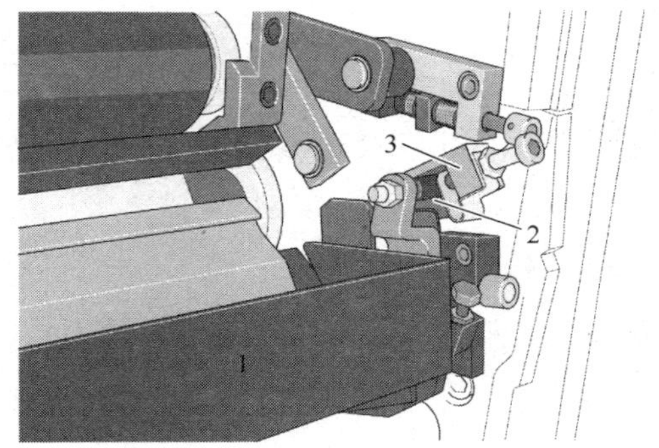

图 5—52　自动清洗机构

1—铲墨器　2—销子　3—支架

思考练习题

1. 润湿装置有哪些种类？各有何特点？

2. 简述 J2108 型印刷机供水机构出水量大小的调节方法。

3. 简述着水辊压力调节顺序及方法。

4. 简述海德堡 Speedmaster CD 102 系列印刷机着水辊与窜水辊、印版滚筒之间压力的调节方法。

5. 简述 J2108 型印刷机供墨机构的调节要求和调节方法。

6. 有哪些方法可以调节墨量的大小？

7. 简述着墨辊压力调节的方法。

8. 简述海德堡 Speedmaster CD 102 系列印刷机靠版辊与窜墨辊、印版滚筒之间压力的调节方法。

9. 简述海德堡 Speedmaster CD 102 系列印刷机传墨辊的安装与调节。

10. 简述海德堡 Speedmaster CD 102 系列印刷机墨辊的清洗步骤。

第六章　收纸装置

学习目标

了解收纸滚筒、收纸链条叼牙排结构，熟悉收纸链条叼牙排机构、收纸链条张紧机构的调节要求和调节方法，了解吸气轮减速机构的传动原理，熟悉理纸机构的工作原理和调节，了解收纸辅助装置的作用，了解空气导纸系统的工作原理；能正确调节收纸链条叼牙排的交接位置、交接时间和叼纸力，能判断链条的松紧并正确调节，能分析和排除收纸过程中产生的常见故障。

第一节　链条叼牙出纸机构

现代单张纸平版印刷机出纸机构的形式多采用链条叼牙出纸机构。如图 6—1 所示，两条套筒滚子链 5 上装有 11 排收纸链条叼牙排 4，在主动链轮 3、从动链轮 7 的带动下，收纸链条叼牙排随套筒滚子链 5 运动，运动到和压印滚筒相切的 A 点时，在开牙块凸块 2 的作用下咬住纸张，带纸运动到从动链轮 7 时，在开牙块凸轮 8 的作用下打开叼牙，放纸于收纸台上。

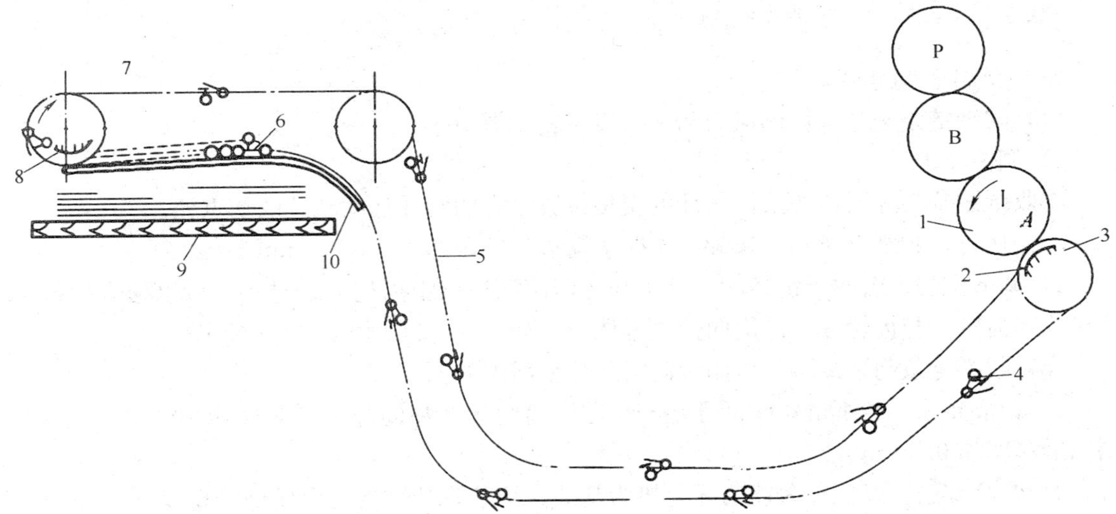

图 6—1　J2108 机链条叼牙出纸机构

1—压印滚筒　2、8—开牙块凸轮　3—主动链轮　4—收纸链条叼牙排　5—套筒滚子链
6—托架　7—从动链轮　9—收纸台　10—导纸板

一、收纸滚筒的结构和收纸链条叼牙的调节

1. 收纸滚筒的结构

如图 6—2 和 6—3 所示，齿轮座 3、链轮座 4、收纸轮片 6（或支撑杆）固定在收纸滚筒

轴 7 上。齿轮 2 的轮毂上有四个同心长槽孔，经四个螺钉 1 与齿轮座 3 相固定。链轮 5 也由螺钉固定在链轮座 4 上。齿轮 2 转动时，经轴 7 带动链轮 5、收纸轮片 6 一起转动，两个链轮 5 分别传动收纸链条，使叼牙排得以转动。

收纸滚筒为空心滚筒。由于收纸牙排接过来的印张印刷面向着收纸滚筒，为使收纸滚筒支撑印张时不大面积与印刷面接触，避免蹭脏印刷面，通常在支撑杆上安装星形轮，且根据图文位置及墨量大小调整星形轮的轴向位置，如图 6—3 所示。

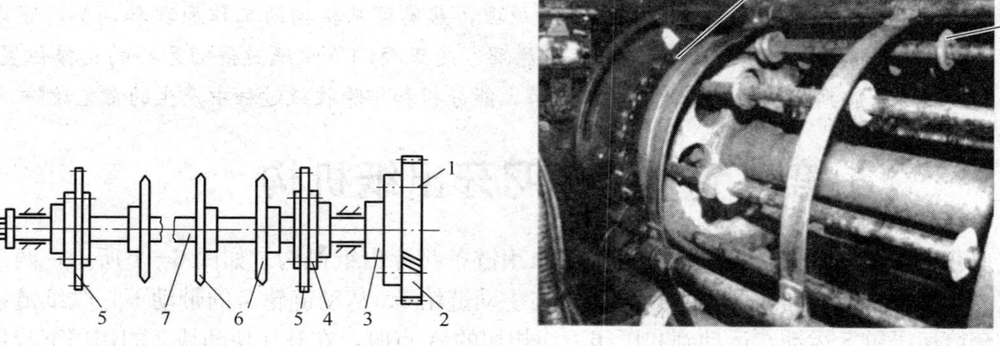

图 6—2 收纸滚筒

1—固定螺钉 2—齿轮 3—齿轮座 4—链轮座
5—链轮 6—收纸轮片 7—收纸滚筒轴

图 6—3 收纸滚筒

2. 收纸链条叼牙的调节

(1) 收纸链条叼牙与压印滚筒叼牙交接位置的调节

1) 调节要求

①收纸链条叼牙与压印滚筒叼牙的交接位置是在两叼牙运动轨迹的切点处。

②交接时，收纸链条叼牙牙尖与压印滚筒边口的距离为 1～1.5 mm。

2) 调节方法。若收纸链条叼牙牙尖与压印滚筒边口距离过大或过小，可以松开螺钉 1，通过改变齿轮 2 与齿轮座 3 的周向位置来调节，如图 6—2 所示。

(2) 收纸链条叼牙牙垫与压印滚筒叼牙牙垫间隙的调节

1) 调节要求。收纸链条叼牙牙垫与压印滚筒叼牙牙垫间隙为三张印刷用纸厚度或为印刷用纸厚度加 0.20 mm。

2) 调节方法。以压印滚筒叼牙牙垫为基准，调节收纸链条叼牙牙垫的高度。

(3) 收纸链条叼牙与压印滚筒叼牙交接时间的调节

1) 调节要求。收纸链条叼牙在交接位置的前 1°开始咬纸；压印滚筒叼牙在交接位置的后 1°开始放纸。共同稳纸时间（即交接时间）约为 2°。

2) 调节方法。通过改变收纸主动链轮处开闭牙凸块和压印滚筒开闭牙凸块的位置来进行调节。

二、收纸链条叼牙排的结构及叼纸力的调节

1. 收纸链条叼牙排的结构

收纸链条叼牙排两端轴座上的销轴安装在两根套筒滚子链上，由其带动运行。如图 6—4、图 6—5 和图 6—6 所示，J2108 型平版胶印机上有 11 排收纸叼牙排，每个叼牙排由两根轴（收纸叼牙轴 2 和牙垫轴 3）支撑，收纸叼牙轴 2 上装有 12 个收纸叼牙。收纸叼牙轴 2 装在轴座 1 的轴承孔内，通过开闭牙滚子 7 传动叼牙轴 2，使叼牙开闭。牙垫轴 3 与轴座 1 相固定。

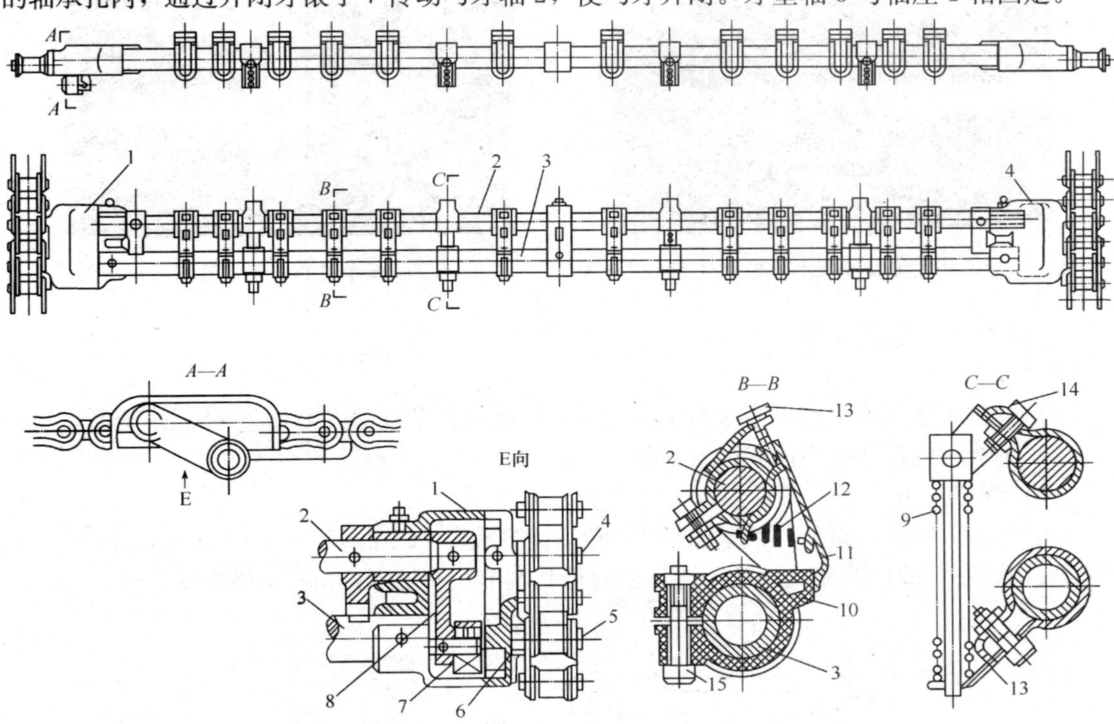

图 6—4 J2108 型平版胶印机收纸链排结构

1—轴座 2—收纸叼牙轴 3—牙垫轴 4、5—销轴 6—滑块 7—开闭牙滚子 8—摆杆 9、12—弹簧 10—牙垫 11—叼牙 13、14—卡箍 15—螺钉

2. 收纸链条叼牙排叼纸力的调节

(1) 整排叼牙叼纸力的调节

如图 6—4 所示，叼牙排叼纸力大小由三根撑簧 9 控制，通过调整卡箍 13、14 的相对位置而达到调节目的。调整后，应使所有叼牙排上的撑簧 9 压力大小均匀一致。

(2) 单个叼牙叼纸力的调节

单个叼牙叼纸力大小由弹簧 12 控制，通过调节螺钉改变弹簧 12 的变形程度进行调节。

三、收纸链条张紧机构的结构和调节

1. 收纸链条张紧机构的结构

收纸台上方从动链轮的位置可调，如图 6－7 所示，轴 4 上装有滚动轴承，滚动轴承上装有从动链轮 5，轴 4 装在机架 3 的长槽 2 内，通过锁紧螺母 1 和机架 3 相固定。拉杆 6 的右端和轴 4 固定，左端螺纹与调节螺母 7 相配合。

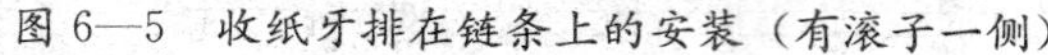
图 6—5　收纸牙排在链条上的安装（有滚子一侧）

图 6—6　收纸牙排的安装（没有滚子一侧）

2. 收纸链条张紧机构的调节

（1）调节要求

1）链条松紧程度一般以收纸台上方直线部分收纸链条能被人力提起 20 mm 为宜。

2）调节时应保持左右两根链条松紧一致。

（2）调节方法

如图 6—7 所示，略松开锁紧螺母 1，转动调节螺母 7，通过拉杆 6 移动轴 4 的位置，从而使从动链轮 5 的位置随之移动，链条松紧得到调节。调好后，再拧紧锁紧螺母 1。

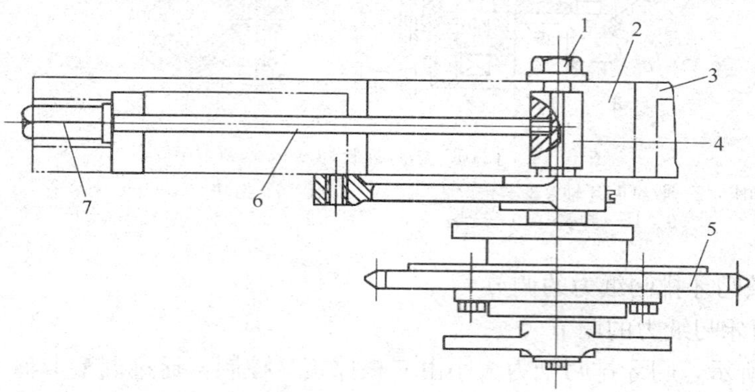

图 6—7　J2108 机收纸链条松紧调节机构

1—锁紧螺母　2—长槽　3—机架　4—轴　5—链轮　6—拉杆　7—调节螺母

第二节　吸气轮减速机构与开牙块跟踪机构

一、吸气轮减速机构的工作原理及调节

1. 吸气轮减速机构的工作原理

如图 6—8 所示，收纸链条带动链轮 1 转动，经齿轮 2、3、4 使轴 5 转动。吸气轮 6 安

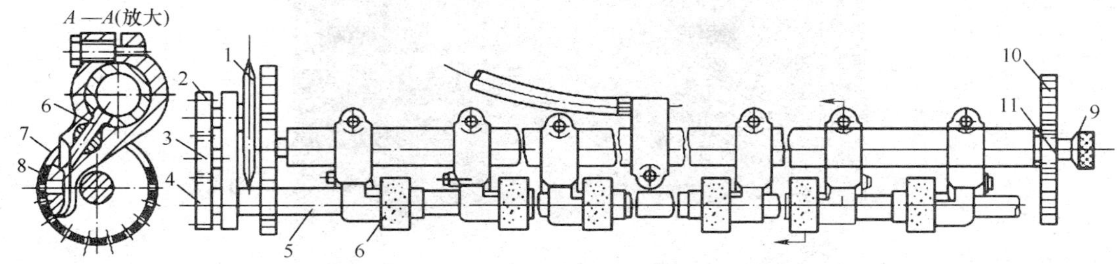

图 6—8 J2108 机吸气轮减速机构
1—链轮 2、4、11—齿轮 3—介轮 5—轴 6—吸气轮 7—气门 8—吸气嘴 9—手轮 10—齿条

装在轴 5 上，经测算吸气轮 6 的表面线速度（0.4～0.8 m/s）大大小于链条线速度（约 1.5 m/s）。如图 6—9 所示，在气泵作用下，吸气轮 5 的内部压力低于大气压，且以低于纸张的速度和纸张同向转动，当叼牙 2 咬住纸张 4 经过吸气轮 5 的上部时，纸张便被吸住，由于吸气轮 5 的表面线速度小于链条线速度，纸张在其表面拖过；当叼牙 2 放纸时，吸气轮 5 使印张减速至它的表面线速度，从而使纸张平稳、整齐地落在纸堆上。吸气轮结构如图 6—10 所示。

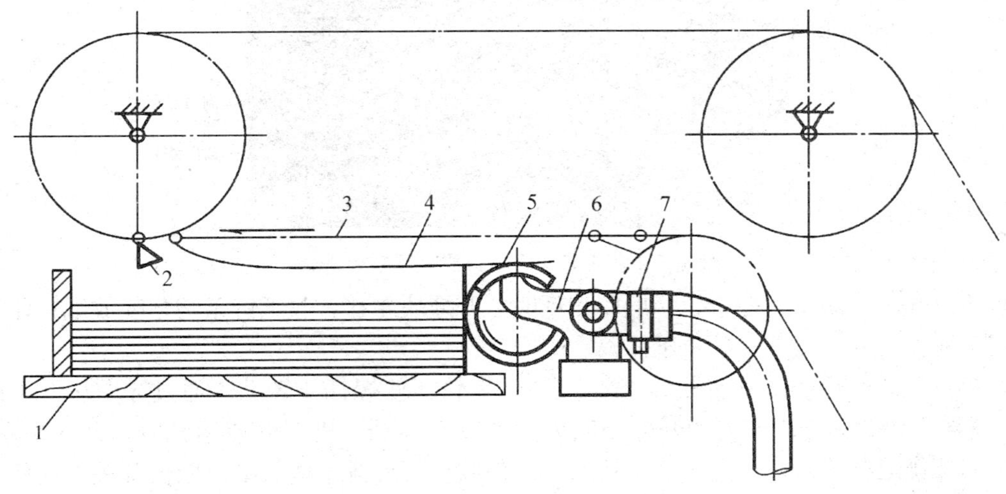

图 6—9 吸气轮减速机构原理
1—收纸台 2—叼牙 3—收纸链条 4—纸张 5—吸气轮 6—风管 7—风量调节阀

2. 吸气轮减速机构的调节

(1) 吸气量大小的调节

吸气轮吸气量的大小由气门 7 控制，如图 6—8 所示。

(2) 吸气轮减速机构工作位置的调节

如图 6—8 和图 6—11 所示，松开锁紧螺钉，转动手轮 9，通过连接轴上两端齿轮 11 与齿条 10 啮合，从而使整个吸气轮减速机构移动。一般以吸气轮距纸堆后部边缘 3～5 mm 为宜。

二、开牙块跟踪机构

收纸链条叼牙应在适当的时间开牙放纸，以使纸张准确落在收纸台上。链条叼牙开牙放

图 6—10　吸气轮结构

图 6—11　调节吸气轮轴前后位移的手轮

纸的时间由开牙块的位置确定，一般印速低时，开牙块左移，收纸链条叼牙晚放纸；印速高时，则开牙块右移，叼牙提前放纸。

如图 6—12 所示，由电动机 1，经齿轮 2、齿轮 3 使螺杆 4 转动。通过导向块 9 上的螺孔 5，使导向块 9 和与它相连的开牙张闭齿轮 6 左右移动。机器低速运转时，开牙块左移，使收纸叼牙排迟些放纸；反之，开牙块右移，使收纸叼牙排早些放纸。限位开关上的任一个碰块 10、11 受到触压，即可切断电动机 1 的电源，使电动机停转。

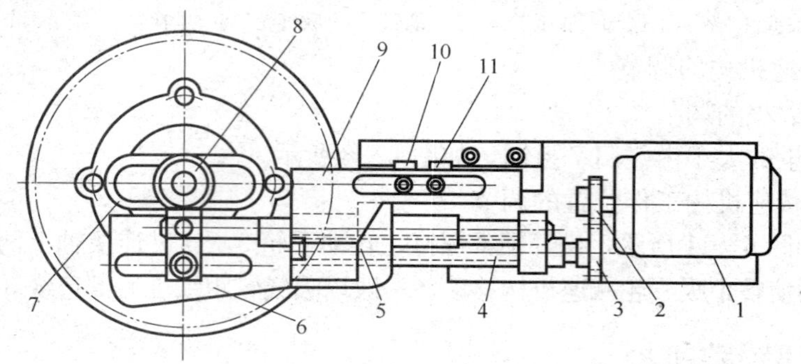

图 6—12　J2108 型平版胶印机开牙块跟踪机构

1—电动机　2、3—齿轮　4—螺杆　5—螺孔　6—叼牙张闭齿轮　7—导向槽　8—小轴　9—导向块　10、11—碰块

第三节 理纸机构与收纸台升降机构

一、理纸机构

理纸机构可将落在纸堆上的纸理齐，使其在收纸台上整齐堆放。理纸机构包括前齐纸板、侧挡纸板和后挡纸板。

1. 理纸机构的工作原理

(1) 前齐纸板的摆动

如图 6—13 和图 6—14 所示，在收纸链轮外侧装有凸轮 1，经滚子 2、摆杆 3、摆杆 3 上的滚子 4，推动挡杆 6，使前齐纸板 7 前后摆动。压簧 9 可使挡杆 6 和滚子 4 接触。向下扳动手柄 8，可使前齐纸板 7 后倒，便于取样检查。

(2) 侧挡纸板往复摆动

如图 6—13 和图 6—14 所示，滚子 10 依靠撑簧 12 靠在斜块 5 上，当凸轮 1 转动，经滚子 2、摆杆 3，使摆杆 3 上的斜块 5 摆动，斜块 5 推动滚子 10 克服撑簧 12 的作用力，使侧挡纸板 11 往复移动。侧挡纸板 11 的位置，可依据纸张宽度进行调节。

如图 6—13 和图 6—14 所示，后挡纸板 13 和吸气轮 14 的座架相固定，它和前齐纸板、侧理纸板没有运动联系，其前后位置应根据纸张长度调节吸气轮 14 的座架的前后位置得到。

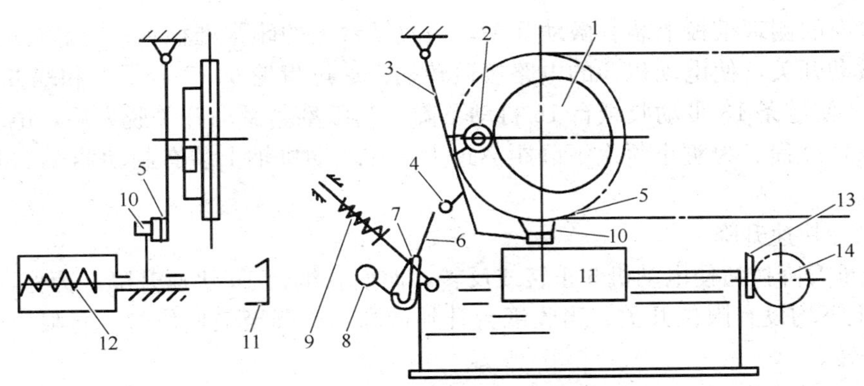

图 6—13 J2108 型平版胶印机理纸机构

1—凸轮 2、4、10—滚子 3—摆杆 5—斜块 6—挡杆 7—前齐纸板 8—手柄 9—压簧 11—侧齐纸板 12—撑簧 13—后挡纸板 14—吸气轮

2. 理纸机构的调节

(1) 理纸挡板位置的调节

理纸挡板的位置是由印张幅面大小决定的。调节时，将印张放到收纸台上，转动机器，

图 6—14 理纸机构

使各理纸板处于靠近印张的极限位置，再依据纸张宽度调节侧理纸板的位置，根据纸张长度调节后挡纸板的位置。

（2）理纸时间的调节

前理纸板和侧理纸板理纸时间的早晚，可通过调节凸轮 1 的周向位置来实现，如图 6—13 所示。

二、收纸台升降机构

如图 6—15 所示，收纸台升降机构主要具备收纸台自动下降、快速升降和手动升降三种功能。

1. 收纸台自动下降

在操作面的侧理纸板上装有微动开关，当收纸台上的印张堆积到一定高度时，纸堆的侧面触动微动开关，使电动机 5 的电路接通转动，通过齿轮 6、7、8、9 和蜗杆 10、蜗轮 11、链轮 12 使链条 13 带动收纸台 16 自动下降。当纸堆与微动开关脱离后，电动机停转，完成一次下降过程。为防止每次下降距离过大，在电动机轴上装有制动器 1，以消除纸堆惯性。

2. 收纸台快速升降

通过纸堆升降按钮使电动机 5 正转或反转，而使收纸台 16 快速升降。为保证安全，在导轨 17 的上下均设有限位开关。当收纸台升到最高位或降至最低位时，与限位开关接触，使电动机停转。

3. 收纸台手动升降

收纸台手动升降的操作与输纸台手动升降操作相同。

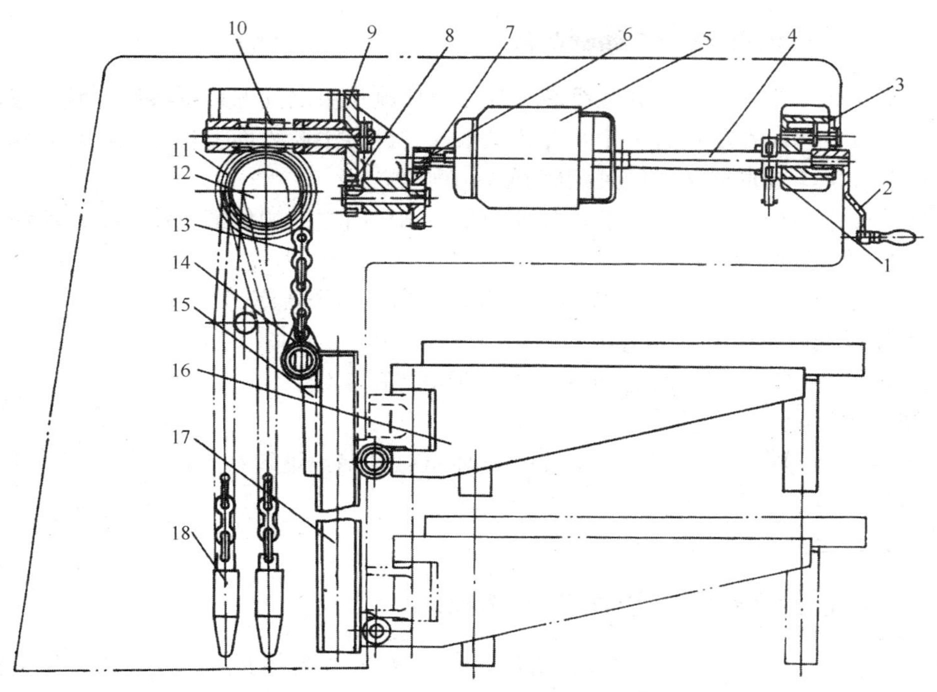

图 6—15　收纸台升降机构

1—制动器　2—手把　3—盖板　4—轴　5—电动机　6、7、8、9—齿轮　10—蜗杆　11—蜗轮　12—链轮　13—链条　14—滚子　15—滑道支架　16—收纸台　17—导轨　18—重锤

第四节　空气导纸系统

现代单张纸平版印刷机如海德堡 Speedmaster 102、高宝 Rapida 105、小森 Lithrone 40、罗兰 700、三菱 Diamond 3000 和北人 300 等系列印刷机均采用了空气导纸系统。避免和消除了印迹蹭脏和划伤现象，确保了印刷质量的稳定与提高。如图 6—16 所示为空气导纸系统在印刷机中的位置。

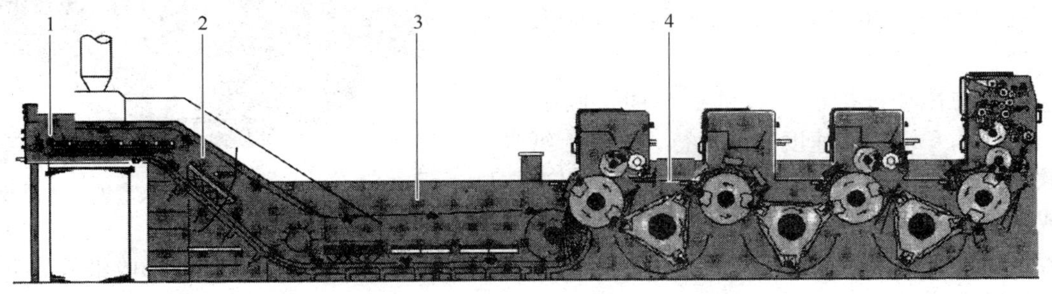

图 6—16　空气导纸系统在印刷机中的位置

1—收纸台　2—曲形收纸板　3—扩展形收纸板　4—传纸滚筒

一、空气导纸系统的性能特点

传统的单张纸平版印刷机在收纸装置部分及印刷机组之间的传纸滚筒、翻转滚筒上没有采取什么措施，只是在生产过程中，在传纸滚筒、翻转滚筒表面上包防脏纸和蓝网布来减轻印迹的蹭脏，但不能彻底解决印迹蹭脏和划伤现象。

现代单张纸平版印刷机在收纸装置部分及印刷机组之间的传纸滚筒、翻转滚筒上采用了空气导纸系统。其性能特点如下。

1. 抛弃了防脏纸和蓝网布，节约了成本，提高了生产效率。
2. 采用径向吹嘴吹气，可稳定薄纸、防止纸张折角。
3. 传纸不留痕迹，防止印迹划伤，有利于第二次走纸。
4. 防止导纸板处油墨堆积。
5. 消除了承印物的不规则运动，平稳地将纸张精确地堆积在收纸台上。
6. 减轻了清洁保养工作。
7. 可以以更高的速度进行印刷。

二、空气导纸系统的结构和工作原理

以海德堡 Speedmaster 102 系列印刷机空气导纸系统为例介绍空气导纸系统的结构和工作原理。空气导纸系统应用空气动力学原理，在收纸部分和机组之间传纸滚筒部分，利用射流吸附技术，以吹为吸的原理向两侧横向吹气，在传纸滚筒表面和导纸板上形成很薄的气垫，这样承印物在机组之间和收纸部分传递时，是在一层气垫上的。实现了无划痕的传递，避免了承印物与导纸板、传纸滚筒表面的直接接触，从而避免了蹭脏。

1. 传纸滚筒

海德堡 Speedmaster 102 系列印刷机传纸滚筒采用气垫式滚筒。如图 6—17 所示（此图位于图 6—16 的 4 处），在传纸滚筒体上制有许多小孔，从里向外、从中间向两边吹风，在承印物与传纸滚筒表面形成气垫，可完全避免印迹蹭脏现象。

2. 扩展形收纸板与曲形收纸板

如图 6—18 所示为收纸装置导纸板在承印物上形成稳定防护气垫的空气导纸系统工作原理示意图（此图位于图 6—16 的扩展形收纸板 3 与曲形收纸板 2 处）。

图 6—17 传纸滚筒空气导纸系统工作原理

承印物在经过扩展形收纸板与曲形收纸板处时，以约 3.6 m/s 的速度高速运行，再加上纸张比较软，因此在输出过程中承印物上下表面附近容易形成涡流，使承印物呈波浪形状运行。收纸时承印物容易产生皱折或收纸不齐，尤其薄纸更是如此。所以在扩展形收纸板与曲形收纸板处采用空气导纸系统后，在气垫托纸板 4 处有喷射气流 2，这样承印物表面不再呈波浪形状运行，而是呈直线运行。正是有了这个气垫的支撑，使纸张能够无划痕地导入收纸台。

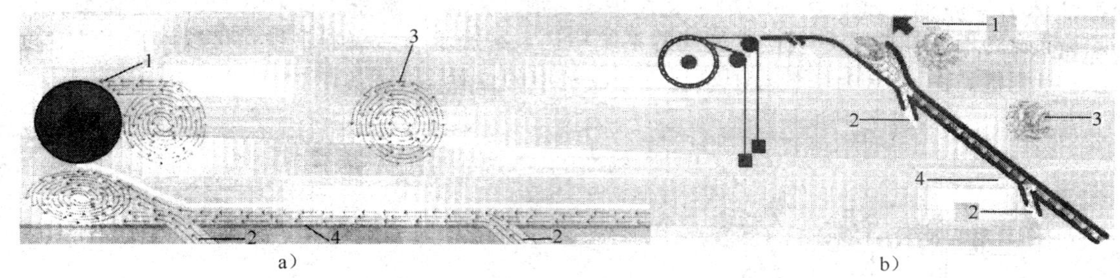

图 6—18 扩展形收纸板与曲形收纸板处空气导纸系统工作原理
1—空气旋涡 2—喷射气流 3—分离的空气旋涡 4—气垫托纸板

3. 收纸台

收纸台部分空气导纸系统的工作原理同上。承印物以约 3.6 m/s 的速度高速运行到收纸台时，由于承印物运行的惯性作用，会造成折痕、漂移不定或抖动，薄纸更是如此，这样会影响承印物的堆齐。如图 6—19 所示（此图位于图 6—16 的 1 处），现代单张纸平版印刷机收纸台部分均采用空气导纸系统，在其他减速机构的配合下，空气导纸系统把纸张平稳、整齐、无划伤、无蹭脏地收集在收纸台上。

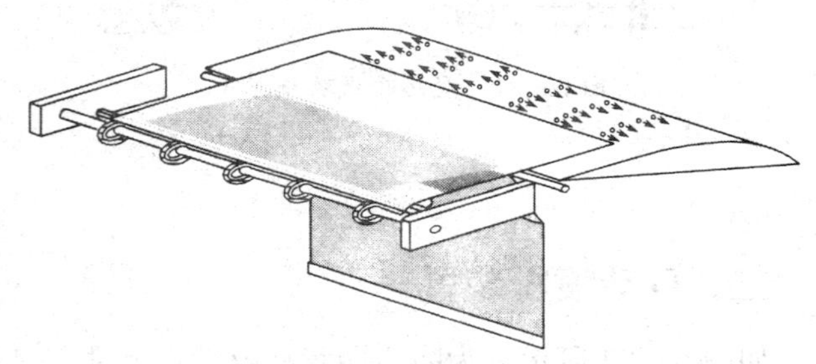

图 6—19 收纸台空气导纸系统工作原理

第五节 辅助装置

一、防蹭脏装置

如图 6—20 和图 6—21 所示，在收纸滚筒轴上装有防蹭脏星形轮，既可以支撑印张，又尽量减小收纸滚筒与印张的接触面，使用时，根据印张上油墨分布情况，适当调整防蹭脏星形轮的位置。

印张由收纸叼牙排送至收纸台的过程中，其背面与托纸杆接触，容易使印张的背面蹭脏。现代单张纸平版印刷机将托纸杆改为气垫托板，如图 6—22 所示，在印张的传送路线下方，设置数排气垫托板。从进气口 1 通入压缩空气，经狭窄的出气口 3 吹出高速气流，气流方向与印张运动方向相反。翼形板 4 与印张之间形成气垫，

图 6—20 防蹭脏装置

根据流体力学原理，纸张 2 会吸附于翼形板旁，既不会随意飘动，又不会与翼形板接触，以避免纸张背面蹭脏。

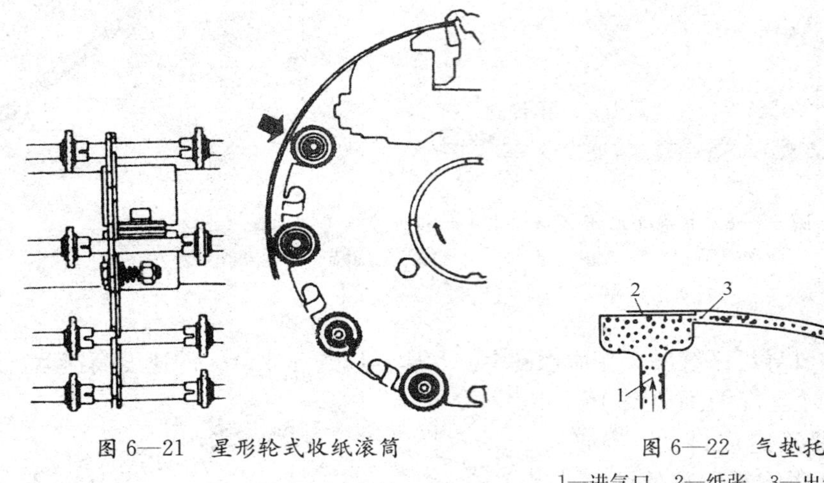

图 6—21　星形轮式收纸滚筒

图 6—22　气垫托板装置

1—进气口　2—纸张　3—出气口　4—翼形板

二、自动喷粉装置

如图 6—23 所示，为防止印张在收纸台上堆积时尚未干透的油墨造成其背面粘脏，在平版印刷机收纸台上方装有自动喷粉装置，由该装置在印品表面上喷撒一层粉末，达到防粘目的。

图 6—23　自动喷粉装置

三、干燥装置

现代单张纸平版印刷机干燥装置的作用是使油墨在印张上快速固结，以防止印刷品的粘脏和粘连。

现代单张纸平版印刷机干燥装置的种类很多，但主要有红外线干燥器和紫外线干燥器两种。红外线干燥器以光波辐射产生热量，使油墨或上光液干燥。红外线干燥器可做成管状或刀状，红外线辐射石英灯泡作为辐射器的光源，用玻璃护板、陶瓷或金属薄板等作为反射器的反射材料，将红外线反射到印刷品的油墨或上光液上，使油墨或上光液干燥。

紫外线干燥器是用充满氩气和水银蒸气的管状充气石英灯作为辐射器，它们的辐射射线靠椭圆的或抛物线的反射装置集聚到承印物上。它不像红外线干燥器以光波辐射产生热量，使油墨或上光液干燥。而是紫外线油墨或上光液吸收紫外线干燥器辐射出的光波波长，使紫外线油墨或上光液干燥。

四、纸张平整器

在印刷过程中，纸张由压印滚筒叼牙从橡皮布滚筒揭下来时，会形成曲率较大的弯折圆角，引起弯曲变形。当变形后的纸张落在收纸台上时，使纸台中央凸起，不易齐整。为此，在现代单张纸平版印刷机的收纸线路中，设置了纸张平整器。如图 6—24 所示，纸张平整器是利用强吸风把纸张拉向一个开口（两圆辊之间），使纸张在运行过程中被拉直理平，消除原有的内应力。纸张平整器安装在收纸滚筒的下方，当纸张将要由收纸链条叼牙排带其进入直线运动时，将纸张吸住拉直。这样，纸张在收纸台上放下时是平直的，使收纸台上的纸堆平整。

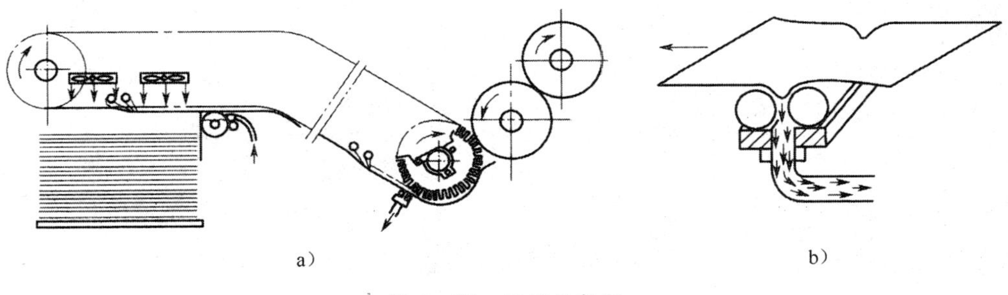

图 6—24　纸张平整器

五、副收纸板装置

如图 6—25 所示，副收纸板和收纸台交替使用，由电动机 1、带轮 2 和 3、齿轮 4 和 5、传动齿轮 8 带动轴 6 转动，轴 6 上装有两个链轮 11，分别带动两根链条 10，使其在导轨 9 内移动。副收纸板装在两链条之间，电动机 1 正转或反转时，使副板进或退。操作过程如下：

1. 副收纸板伸出

按下“副板出”按钮，主收纸台在延时继电器的控制下先自动下降 120 mm 后，电动机 1 转动，控制副收纸板从导轨的下部快速伸出至工作位置。副收纸板移出时刻必须与收纸叼牙排到达收纸台上部的位置相协调。

2. 副收纸板退回

待晾纸架放于收纸台后，可按“主板升”按钮，收纸台便开始自动上升，当收纸台在上升过程中触动一限位开关后，电动机1反转，副收纸板快速退回。此时操作者应用手拿着副收纸板上已收齐的印张，否则副收纸板退回时，散落印张。

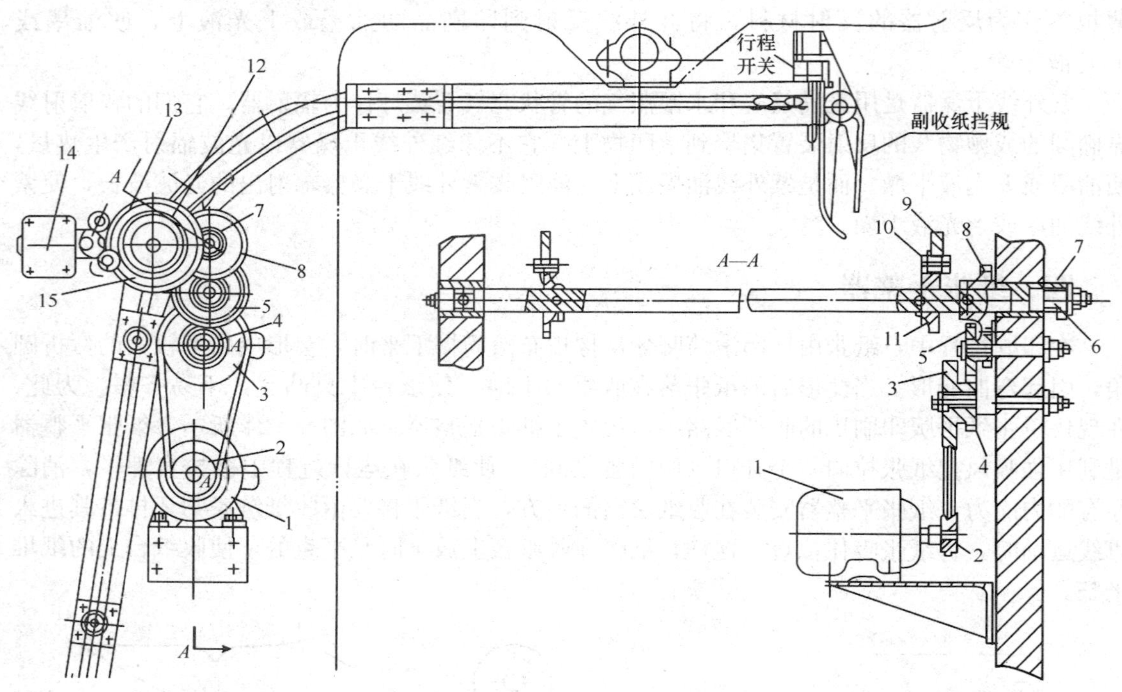

图6—25　J2108机副收纸板装置

1—电动机　2、3—皮带轮　4、5、7、15—齿轮　6—轴　8—传动齿轮　9—导轨　10—链条　11—链轮　12、13—凸轮　14—限位开关

思考练习题

1. 收纸装置由哪些部件组成？
2. 简述收纸链条叼牙排的结构。
3. 简述收纸链条叼牙交接位置、交接时间、叼纸力的调节要求和调节方法。
4. 简述吸气轮减速机构的工作原理。
5. 简述开牙块跟踪机构的工作原理。
6. 简述理纸机构的工作原理。
7. 简述收纸台自动下降的工作过程。
8. 收纸辅助装置有哪些？各有何作用？
9. 说明副收纸板装置的结构和使用方法。
10. 简述空气导纸系统的性能特点。

第七章　卷筒纸平版印刷机

学习目标

了解卷筒纸平版印刷机的排列形式，熟悉卷筒纸平版印刷机输纸部分各组成部件的工作原理、调节方法，熟悉卷筒纸平版印刷机印刷部分各组成部分的工作原理、调节方法，了解卷筒纸平版印刷机收纸部分各组成部分的作用及工作原理；在机长指导下，能操作及调节卷筒纸平版印刷机的相关部件，能根据实际情况分析及排除常见故障。

第一节　输纸部分

在卷筒纸平版印刷机上，纸张以纸带的形式从纸卷上连续展开，并源源不断地供给压印装置。卷筒纸平版印刷机的输纸装置的结构与单张纸平版印刷机输纸装置的结构完全不同。卷筒纸平版印刷机的输纸装置应能保证快速更换纸卷，在轴向位置正确安装和调整纸卷，能缓冲及消除纸带振动，保持纸带张力恒定，匀速地将纸带送给压印装置。

各类卷筒纸平版印刷机的输纸原理基本相同。如图 7—1 所示为 JJ204 型卷筒纸平版印刷机的输纸装置示意图。该输纸装置采用双纸路供纸方式，可同时向压印部件提供两个纸带进行印刷。每条纸带从各自的纸卷 3 上展开后，经导纸辊 4，浮动辊 5，导纸辊 6、8，传纸辊 7，调整辊 9，送纸辊 10、11、12 输向压印装置。

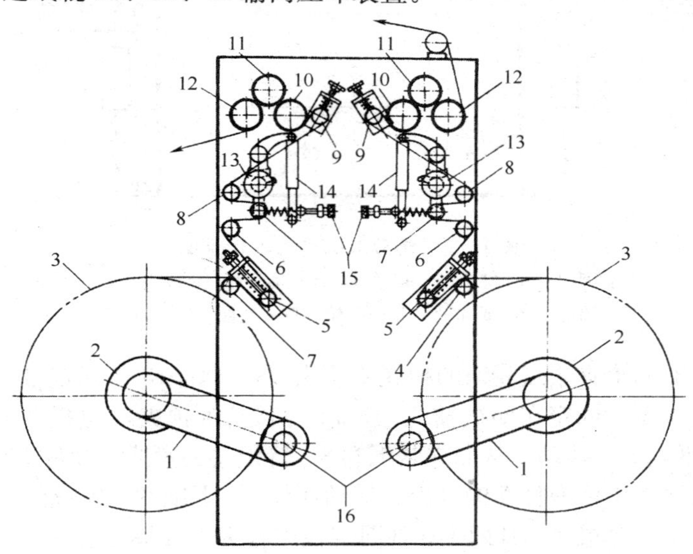

图 7—1　JJ204 型卷筒纸平版印刷机输纸装置

1—上纸臂　2—磁粉制动器　3—纸卷　4、6、8—导纸辊　5—浮纸辊　7—传纸辊　9—调整辊

10、11、12—送纸辊　13—张力传感器　14—阻尼器　15—调节螺母　16—回转轴

卷筒纸平版印刷机输纸装置主要由上纸机构、送纸辊、张力控制机构、纸带导引机构、自动接纸机构组成。

一、上纸机构

在印刷过程中，为了保证新更换的纸卷准确无误地安装在印刷机上，并在机器运转中纸卷安全可靠地保持在正常工作位置，需由上纸机构对纸卷夹紧、提升及轴向调整。

1. 气动上纸机构

气动上纸机构以压缩空气为动力，通过气压装置驱动上纸臂，将纸卷提升到工作高度或降落到更换纸卷的位置。其工作原理如图 7—2 所示。

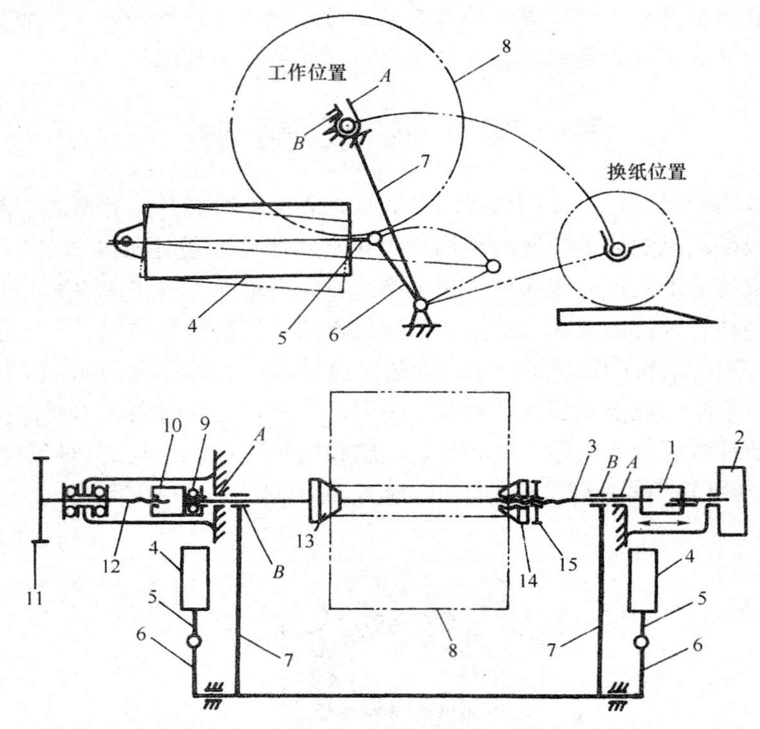

图 7—2　气动上纸机构工作原理

1—锁套　2—磁粉制动器　3—穿纸轴　4—气缸　5—活塞杆　6—摆杆　7—上纸臂　8—纸卷
9—轴承　10—调节座　11—手轮　12—丝杠　13、14—顶锥

在穿纸轴 3 上有两个夹紧纸卷用的梅花锥顶夹 13、14。13 为固定锥顶夹，根据纸卷宽度，事先已调整好位置，固定在穿纸轴 3 上，14 为移动锥顶夹，与穿纸轴 3 螺纹配合。旋转 14 可使其在穿纸轴 3 上移动，从而夹紧纸卷 8。待纸卷夹紧后，锁母 15 可将锥顶夹锁紧。

纸卷升降是由气缸中活塞杆 5 的进出，带动摆杆 6、上纸臂 7 完成的。

穿纸轴 3 的轴承，分成 A、B 两半。B 固定在墙板上，A 固定在上纸臂 7 上。穿纸轴 3 一端装有滚动轴承 9，在工作位置时，轴承 9 卡入调节座 10 的凹槽中。转动手轮 11，使丝杠 12 转动，带动调节座 10 轴向移动，可以微调纸卷的轴向位置。纸卷轴向位置的粗调是通过松开顶锥 13 和 14，改变纸卷 8 在穿纸轴 3 上的轴向夹紧位置来实现的。

在正常工作时，锁套 1 应右移，使其压住固定在机架上的微动开关，切断纸卷升降电路。同时使穿纸轴 3 和磁粉制动器 2 的轴相连接，将制动器的制动力矩传给穿纸轴 3。

2. 电动上纸机构

如图 7—3a 所示为电动上纸机构工作原理图。这种上纸机构纸卷没有穿纸轴。固定锥顶夹 15 与磁粉制动器 17 相连，本身不能轴向移动。上纸时，将纸卷的芯部对准锥顶夹 15、16，按动纸卷夹紧按钮，电机 19 启动，通过蜗杆 20、蜗轮 21 使丝杠 22 转动，经套 23 带动移动锥顶夹 16 左移，将纸卷自动夹紧。若需更换纸卷时，通过有关按钮使电机反转，16 右移，将纸卷松开。限位块 24 与微动开关 25 配合，用以限制移动锥顶夹 16 的最大移动量。

如图 7—3b 所示为纸卷升降机构。电机 1 经多级降速实现纸卷升降。操作纸卷升降按钮，电机 1 转动，经过齿轮 2 和 3、蜗杆 4、蜗轮 5 及蜗杆 6、蜗轮 7、齿轮 8 带动扇形齿轮 9，使轴 10 转动。由于两个上纸臂 14 都固定在轴 10 上，因此轴 10 的转动即可使纸卷 18 升降。

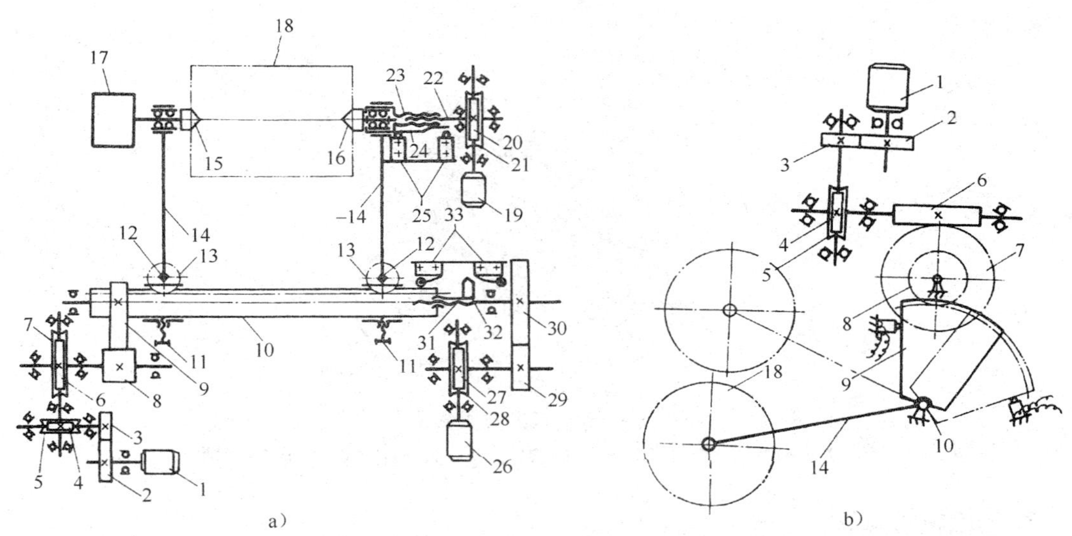

图 7—3　电动上纸机构工作原理

a）电动上纸机构　b）纸卷升降机构

1、19、26—电动机　2、3、8、29、30—齿轮　4、6、20、27—蜗杆　5、7、21、28—蜗轮　9—扇形齿轮　10—轴　11—锁紧螺钉　12—摆臂滑座　13—齿轮　14—上纸臂　15、16—锥顶夹　17—磁粉制动器　18—纸卷　22、31—丝杠　23—套　24、32—限位块　25、33—微动开关

电动上纸机构的纸卷轴向调整与气动上纸机构不同。在纸卷宽度规格变化时采用粗调，即改变上纸臂 14 与轴 10 的轴向相对位置；在纸卷需要居中时则采用微调。即移动轴 10 的轴向位置。如图 7—3a 所示，纸卷轴向微调由电机 26 经蜗杆 27、蜗轮 28、齿轮 29 和 30 使丝杠 31 转动，丝杠 31 与轴 10 由螺纹进行连接，因此丝杠 31 带动轴 10 移动。限位块 32 与微动开关 33 配合，用以控制轴 10 移动的极限位置。

二、送纸辊

1. 送纸辊的作用与要求

送纸辊（又称纸带驱动辊）是卷筒纸平版印刷机输纸装置的最后一部分，其作用就是强制驱动纸带，通过改变胶辊和钢辊的压力大小及钢辊速度变化来控制纸带进入印刷部分的速度。为保证进入印刷装置的纸带张力精确稳定，要求送纸辊的线速度略低于印刷滚筒线速度（低 0.2%～0.5%）。速度过小易形成拥纸；速度过大会使纸带断裂。

2. 送纸辊的结构

如图 7—4 所示，送纸辊由钢辊 1、4 和胶辊 2 组成。钢辊为主动辊，速度可调；胶辊为被动辊，能起落，且可调整与钢辊之间的压力。

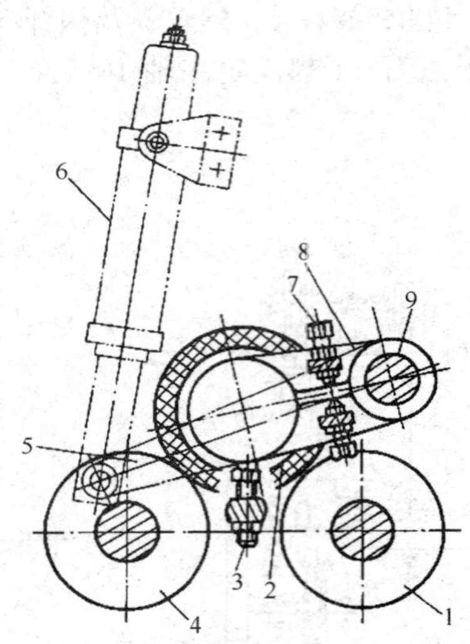

图 7—4 三辊进纸装置

1、4—钢辊 2—胶辊 3、7—调节螺钉 5、8—连杆 6—气缸 9—轴

3. 送纸辊的调节

如图 7—4 所示，胶辊 2 的上下摆动是由气动、摆杆机构来实现的。它与钢辊 1、4 的压力，在操作面一端由定位螺钉 3 调节，在传动面一端由上下两个螺钉 7 来调节。

三、张力控制机构

1. 张力控制的作用

张力控制的作用是为了保证纸带在传递过程中张力恒定，使卷筒纸带能平稳地前进，不因为纸带张力过大而拉断纸，也不会因为张力太小而皱纸、拥纸或纸带飘动。

2. 纸卷制动的形式

纸卷制动可分为圆周制动和轴制动两大类。

(1) 圆周制动

圆周制动是制动力作用在纸卷外圆表面的制动，包括静制动带外圆制动和动制动带外圆制动。

1）静制动带外圆制动。用加锤的钢带包覆在纸卷的外圆上，利用摩擦力对纸带进行制动，如图 7—5a 所示。

2）动制动带外圆制动。将运动的制动带靠向纸卷的外圆，利用速差和摩擦力对纸带进行制动，如图 7—5b 所示。

圆周制动的缺点有：随着纸卷半径的由大变小，钢带与纸卷的接触面积减少，摩擦阻力也会相应减少，制动力矩逐渐减小；由于制动带直接与纸卷表面接触，易污损纸面，会产生静电，影响印刷品质量。

（2）轴制动

轴制动是制动力作用在纸卷轴的制动，常用的是磁粉制动器，如图 7—6 所示。

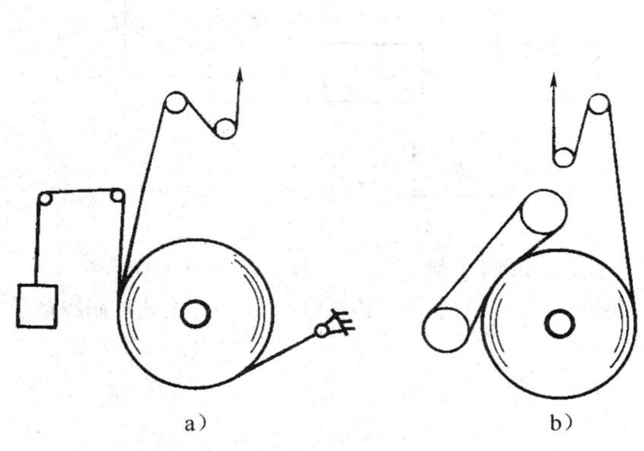

图 7—5　外圆制动

a）静制动带外圆制动　b）动制动带外圆制动

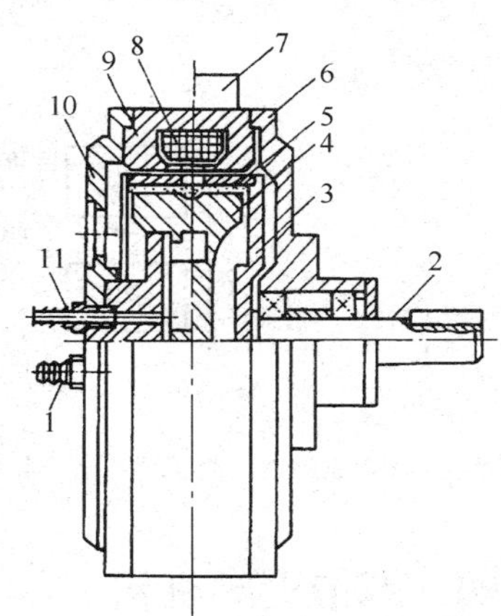

图 7—6　磁粉制动器

1—出水口　2—转子轴　3—转子　4—内定子　5—磁粉　6—前盖　7—接线盒　8—励磁线圈　9—外定子　10—后盖　11—进水口

1）磁粉制动器的组成。如图 7—6 所示，磁粉制动器主要由外定子 9、励磁线圈 8、内定子 4、转子 3、磁粉 5、进水口 11、出水口 1、转子轴 2 等机件组成。

2）磁粉制动器的原理。如图 7—6 所示，励磁线圈 8 通电时，产生磁场，磁粉 5 被磁化，使内定子 4 与转子 3 之间的磁粉 5 形成链条状的磁链，从而使内定子 4 通过磁链对转子 3 产生制动力矩。由于内定子 4 固定不动，转子 3 与转子轴 2 相连接，使纸卷获得制动力矩。

3）磁粉制动器的调节。在工作区域，磁粉制动器中磁粉的磁化程度与电流大小有关。电流大，磁粉的磁化程度高，制动力矩大；电流小，磁粉的磁化程度低，制动力矩就小。改变电流大小即可改变磁粉制动器对转子轴 2 的制动力矩。

3. 张力自控系统

（1）张力自控系统的组成

张力自动控制系统由纸卷 2、张力传感辊 4、弹簧 5、传感电位器 6、电子控制线路 7、磁粉制动器 1 和阻尼筒 3 等组成，如图 7—7 所示。

（2）张力自控系统的原理

如图 7—7 所示，张力传感辊 4、弹簧 5、传感电位器 6 等组成张力检测系统。当纸卷半径不同、纸卷不圆或机器速度变化等引起纸带张力的变化时，传感辊 4 的平衡被打破，产生上下摆动，由张力检测系统传感电位器 6 发出的信号经电子控制线路 7 将电流放大后，传给磁粉制动器 1，使磁粉制动器制动力矩相应变化，从而自动调整纸带张力。

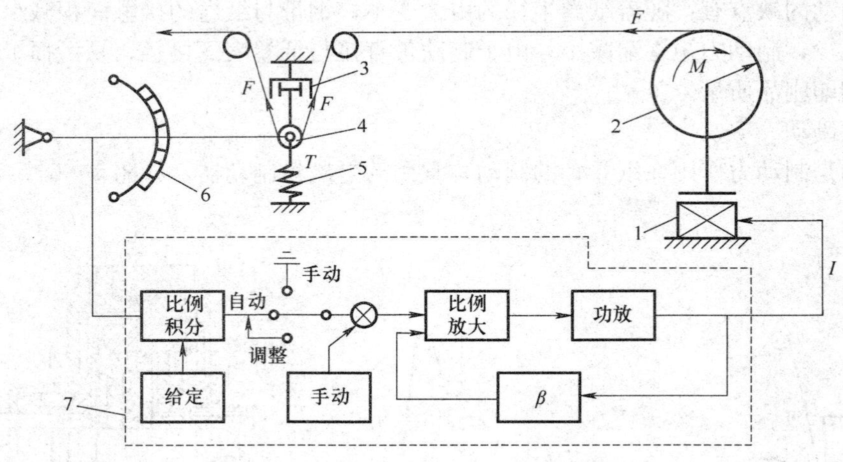

图 7—7　张力自动控制系统

1—磁粉制动器　2—纸卷　3—阻尼筒　4—张力传感辊　5—弹簧　6—传感电位器　7—电子控制线路

四、纸带引导机构

1. 导纸辊

导纸辊的作用是支撑纸带、控制纸带的运行路线。

2. 浮动辊

（1）浮动辊的组成结构

如图 7—8 所示，浮动辊 5 的两端由调心轴承 4 支撑，轴承 4 安装在轴承座 3 中，轴承座 3 是活动的，由弹簧 2 和弹性垫 7 支撑。

（2）浮动辊的作用

纸带张力变化时，浮动辊 5 和活动轴承座 3 在撑簧 2 和弹性垫 7 之间上下移动，从而减缓和消除振动。

（3）浮动辊的调节

如图 7—8 所示，调节螺母 1，可以改变弹簧 2 对活动轴承座 3 的压力，以适应纸带张力的大小的变化。

3. 调整辊

（1）调整辊的作用

调整辊的作用是调整纸带的松紧边现象。

（2）调整辊的调节

如图 7—9 所示，调整辊一端的轴承与墙板相固定，另一端轴承位置可以调节。当纸带边松紧不一致时，转动手轮 2，通过螺杆 3 带动轴承座 5 上下运动，使纸带两边松紧一致。

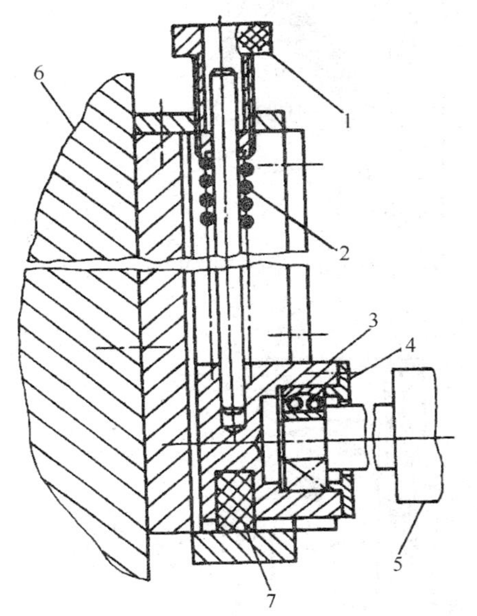

图 7—8　浮动辊

1—调节螺母　2—弹簧　3—活动轴承座　4—轴承
5—浮动辊　6—墙板　7—弹性垫

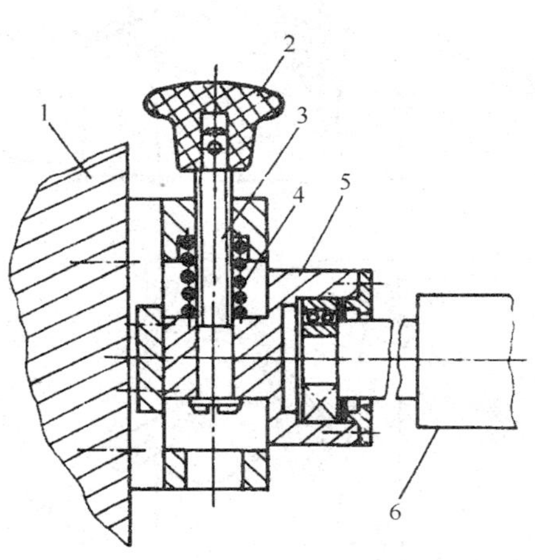

图 7—9　调整辊

1—墙板　2—手轮　3—螺杆　4—弹簧
5—轴承座　6—调整辊

五、自动接纸机构

1. 高速自动接纸系统

(1) 正常印刷的工作状态

如图 7—10a 所示，机器开印前，先上好 A、B 两个纸卷，以 A 纸卷进行印刷，B 纸卷待用。正常印刷时，传动带 8 和刀架 7 与 A 纸卷处于脱离位置（实线），图中虚线为接纸时的位置。在适当的时间，可将 B 纸卷的纸端涂上一段黏接剂，并在操纵面一边的纸卷上夹插接头标签。

(2) 待接纸状态

如图 7—10b 所示，当 A 纸卷达到限定的直径时，由速度传感器 2 发出第一个讯号，主机就自动降速，约 30 s 后，降低到 0.6 m/s 左右的速度。与此同时，双卷筒纸架旋转，将新纸卷回转到工作位置定位。传动带下压，传动 B 纸卷并加速。

(3) 接纸状态

由传动带使 B 纸卷加速到与印刷速度同步运动，使在印和待印的 A、B 纸卷线速度相同。这时，速度传感器发出第二个讯号，由卷筒标签测定装置指令进行粘接工作；毛刷下压，使 B 纸卷纸带与 A 纸卷纸带粘牢，裁切刀将 A 纸带切断，B 纸卷供纸进行印刷，如图 7—10c 所示。

(4) 恢复正常印刷状态

B 纸卷的纸带恢复正常速度进行印刷，刀架、毛刷、裁切刀、传动带等自动复位，传动带停止转动，接纸完成。上好新纸卷，为下一个接纸过程做准备，如图 7—10d 所示。

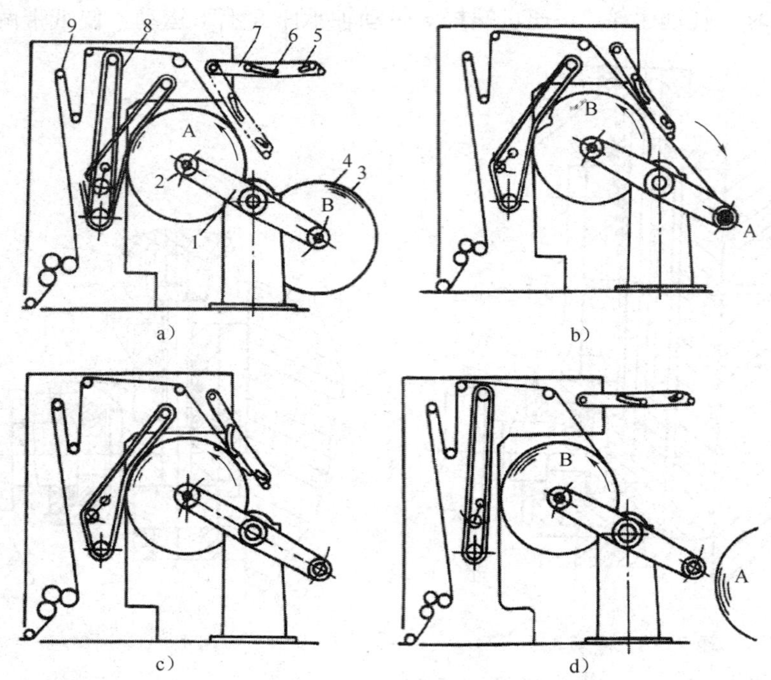

图 7—10　跟踪式自动接纸装置

1—摆动架　2—速度传感器　3—黏接剂　4—贴标签处　5—裁刀　6—毛刷　7—刀架　8—传动带　9—传动辊

2. 零速自动接纸系统

零速自动接纸是指两纸卷在接纸的瞬间纸带的速度为零，而印刷部分可以不降速继续印刷。为保证接纸过程中印刷部分不降速停机印刷，系统设有储纸机构。其原理如下。

(1) 如图 7—11a 所示，穿纸时，所有浮动辊（图中涂黑的辊）全部下降，浮动辊和固定导纸辊（图中未涂黑的辊）形成两排，纸带如图所示穿过各辊。

(2) 如图 7—11b 所示，浮动辊在压缩空气的作用下向上运动，储纸系统开始储纸，纸带的线速度比印刷部件的线速度高，这是因为纸带除去印刷速度外，还要满足储纸系统的要求。而储纸量的大小取决于浮动辊的数量和移动的距离。

(3) 如图 7—11c 所示，此时浮动辊已到达最高位置，储纸量也达到最大。在浮动辊即将到达最高位置时，制动器自动在纸卷轴上施加一个制动力，使纸卷转速降低，最后使纸卷出纸速度与印刷线速度相等，这时浮动辊也正好到达最高位置。此后纸卷正常供纸，当旧纸卷直径下降到规定位置时，检测装置发出第一个信号，新纸卷准备好接纸。

(4) 如图 7—11d 所示，新纸卷已经做好准备，当旧纸卷直径下降到接纸直径时，发出第二个信号。旧纸卷制动器给纸卷轴施加制动力，使旧纸卷平稳地停止转动，并且立刻与新纸卷在零速下完成接纸。在接纸期间浮动辊下降，此时，正常印刷用纸由储纸系统供给，印刷速度不变。储纸系统中储纸即将用完时，自动接纸已完成，由新纸卷供纸印刷。

(5) 如图 7—11e 所示，自动接纸完成后，旧纸卷纸带被切断。新纸卷很快被加速到其纸带的线速度比印刷线速度高的状态。一方面供印刷部件印刷用纸，另一方面供储纸系统给浮动辊上升储纸。

（6）如图 7—11f 所示，新纸卷被自动接纸后，浮动辊又返回到最高位置，旧纸卷完全被新纸卷取代。取下旧纸卷芯，并准备安装一个新纸卷，完成一个接纸工作循环过程。

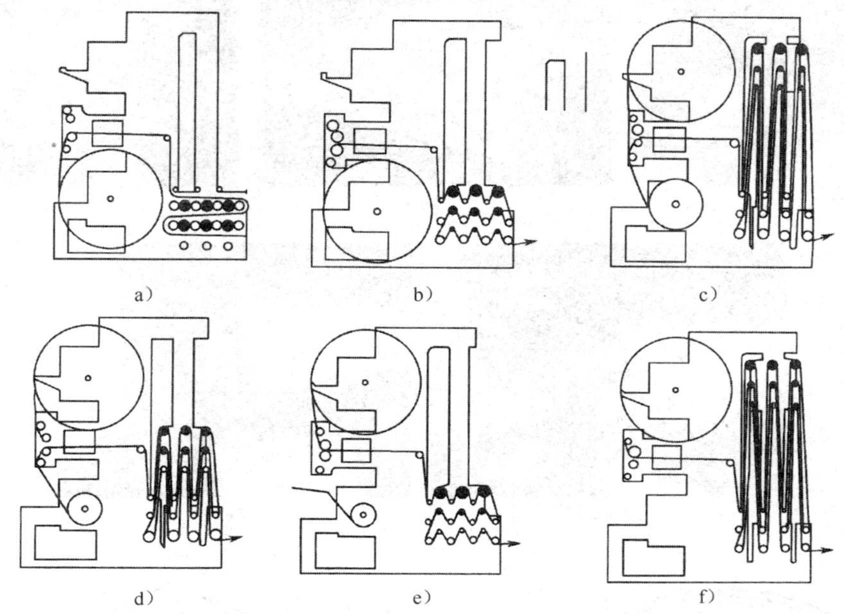

图 7—11　零速自动接纸系统（巴特尔）工作原理

第二节　印刷部分

卷筒纸平版印刷机滚筒部件的特点有：没有递纸装置和滚筒咬纸牙等纸张交接机构，套色的准确性取决于印版装夹的正确性和纸带张力的稳定性；滚筒的空当小，印版和橡皮的装夹机构十分紧凑；滚筒的周长应等于印纸的宽度；印版滚筒没有拉版机构。装入印版后不用再调印版在滚筒上的相对位置，但各色组及正反面的套色，应通过印版滚筒在轴向和周向的微调机构来调节印版相对于纸张的相对位置。

一、印版滚筒装夹机构

1. 普通印版滚筒装夹机构

（1）印版在安装前，必须先在弯版机中对准中心线，将版口边弯成直角才能装夹。

（2）如图 7—12a、b、c 所示，安装时，将印版版口 1 弯成直角，装入弹性版夹 2 和半圆版夹 3 的间隙内，两个半圆版夹的两端各固定版夹架 4，拧动版夹架上的螺丝 5，以改变版夹 2 和 3 之间的间隙，从而能夹紧或松开印版。

（3）如图 7—12d、e 所示，当夹紧版边后，为防止版夹回松，应锁紧螺丝 6。限位螺钉 7 是用来限制螺钉 5 紧固程度的，以防止弹性版夹被拧得过紧而失去弹性。

印版滚筒具有周向和轴向位移调节机构，滚筒表面利用系数大，滚筒包角为 352°，因此印版被装夹后不允许相对位移。

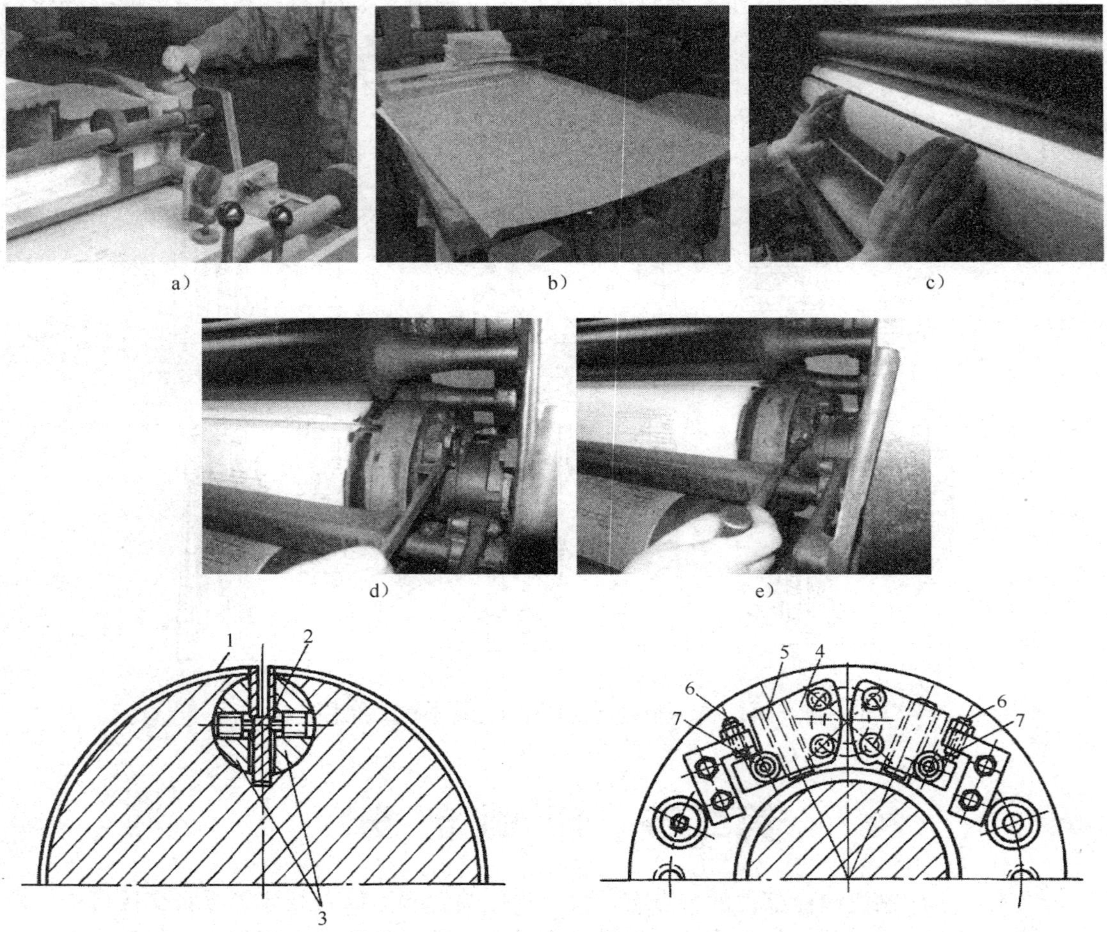

a） b） c）

d） e）

图 7—12　印版装夹机构

a）弯版处理　b）弯好的印版　c）装版　d）上紧版夹螺丝　e）上紧版夹保险螺丝

1—印版版口　2、3—版夹　4—版夹架　5—螺钉　6—限位螺钉　7—锁紧螺钉

2. 窄缝印版滚筒装夹机构

印版滚筒缺口的大小，不仅影响无法印刷的白边大小，还会影响印版上墨层的均匀性。窄缝印版滚筒就是在印版滚筒上开一个 1～1.5 mm 的窄槽。如图 7—13 所示为窄槽装夹印版机构。其优点是上版快捷方便；取消了安装印版机构，使滚筒结构简化；提高了墨色均匀性和机器运转的平稳性。

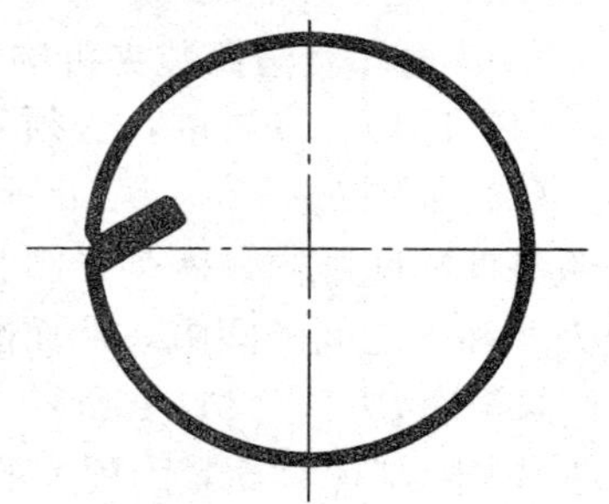

图 7—13　窄槽装夹印版机构

二、橡皮布装夹机构

1. 压板式橡皮布装夹机构

（1）如图 7—14 所示，将橡皮布按尺寸要求准确裁切，

并用夹板 1 和 4 夹紧橡皮布 2 的两边。

（2）将夹板装入滚筒体的凹槽（缺口）内，用垫圈和螺钉 6 把橡皮布张紧，使它紧贴在筒身表面。

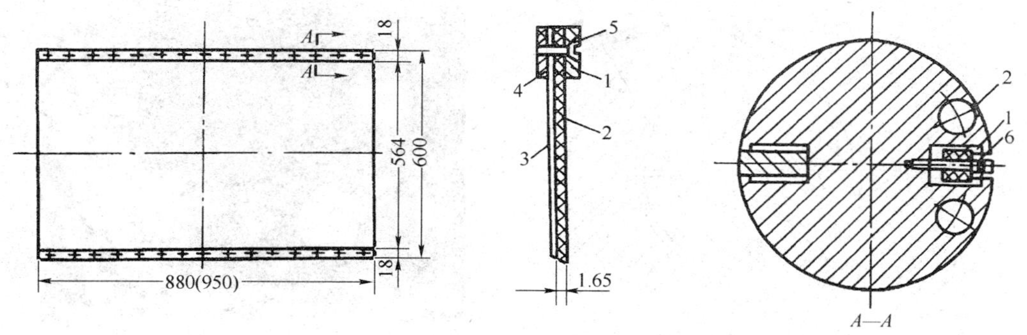

图 7—14　JJ204 型卷筒纸平版印刷机橡皮布装夹机构
1、4—夹板　2—橡皮布　3—衬垫　5—螺钉　6—张紧螺钉

这种夹板装夹机构结构简单，但装卸费时，且对橡皮布的尺寸要裁切得非常准确。

2. 卷轴式橡皮布装夹机构

卷轴式橡皮布装夹机构如图 7—15 所示。此机构和单张纸胶印机不同，属于单卷轴式橡皮布装夹机构，有利于减小滚筒空档面积。装夹时，橡皮布夹板一端安装在滚筒空档里，另一端安装在滚筒空档的卷轴上，旋转卷轴即可张紧橡皮布。

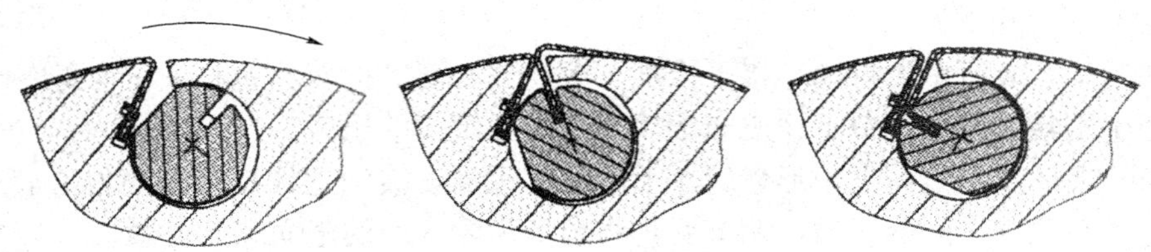

图 7—15　卷轴式橡皮布装夹机构

3. 窄缝橡皮布滚筒

橡皮布滚筒的发展趋势也是减小空挡尺寸。压板式橡皮布滚筒的缺口比较大，卷轴式橡皮布滚筒空挡尺寸虽然有所减小，但仍然受橡皮布夹板厚度限制而不能太小。为了减少不必要的纸张浪费，应尽量减小橡皮布滚筒的缺口。如图 7—16 所示是一种使用金属底衬橡皮布的窄缝卷轴式橡皮布滚筒，不能印刷的宽度可以减小到 6 mm 左右。这样既可减少白边造成的纸张浪费，又可减少机器振动。

4. 无缝滚筒

无缝滚筒就是把印版和橡皮布均做成圆筒形状，如图 7—17 所示。无缝橡皮布滚筒是将多层橡皮布复贴在一金属套筒上形成的，替代了传统的有接缝的橡皮布滚筒。无接缝的橡皮布能整体地从橡皮布滚筒上装上或拆下，只需几十秒时间即可完成，无缝橡皮布在安装时也无须包衬、张紧等烦琐的工作。

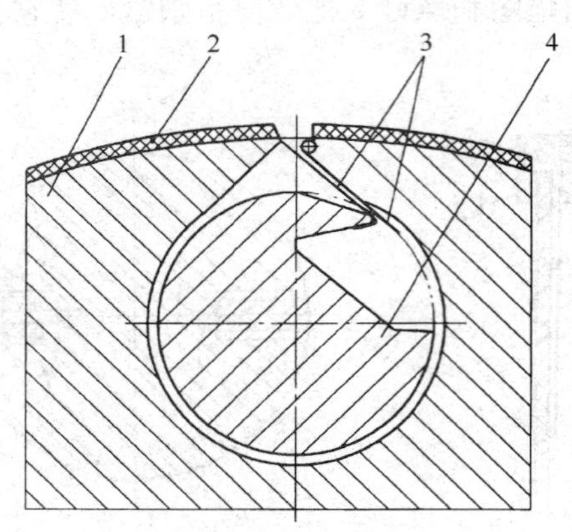

图 7—16　窄缝卷轴式橡皮布滚筒

1—橡皮布滚筒　2—橡皮布　3—橡皮布金属底衬　4—卷轴

图 7—17　无缝橡皮布滚筒

三、印刷压力及离合压机构

JJ204 型平版印刷机采用四滚筒垂直排列形式，利用偏心套进行调压与离合压。下印版滚筒无偏心套，调节时应以它为基准，其余三个滚筒均有偏心套供调压用。上、下橡皮布滚筒的偏心套还兼起离合压作用。

1. 印刷压力调节顺序

（1）如图 7—18 所示，拧动连接下橡皮布滚筒偏心套 6 的双头螺杆 5，改变连杆长度使偏心套 6 产生偏转，即可调节下橡皮布滚筒与下印版滚筒的压力。

（2）松开上橡皮布滚筒上扇形齿轮 8 上的紧固螺栓，拨动上橡皮布滚筒偏心套 9，可调节上、下橡皮布滚筒之间的压力，调节后仍将扇形齿轮 8 上的坚固螺栓拧紧。

（3）松开锁紧螺母，调节螺钉 11、12，改变上印版滚筒偏心套的位置，即可调节上印版滚筒和上橡皮布滚筒之间的压力。

2. 离合压机构

JJ204 型卷筒纸平版印刷机滚筒离合原理与单张纸平版印刷机相同，也是通过偏心轴承来完成的。但离合压机构采用气动摆杆机构，且为同时离合压。

（1）如图 7—18 所示，合压时，压缩空气由气管 A 进入气缸，气管 B 打开接通大气。活塞及活塞杆 2 下移使摆杆 4 绕轴 3 顺时针转动，使螺杆 5 推动偏心套 6 到合压位置，此时摆杆 4 和螺杆 5 的中心成一直线，由限位螺钉 14 定位。螺杆 5 带动下橡皮布滚筒偏心套 6 转动的同时，通过上、下橡皮布滚筒偏心套上的扇形齿轮副 7、8 带动上橡皮布滚筒偏心套 9 也相应转过一定角度，从而实现了滚筒之间的同时合压。

（2）离压时，气管 B 通入压缩空气，A 管通大气，则活塞杆 2 缩进气缸（向上移），带动摆杆 4 逆时针偏转，靠向离压限位螺钉 13。此时，摆杆 4 和螺杆 5 的中心线成一角度，实现滚筒的同时离压。

（3）由于卷筒纸印刷机是印刷连续纸带的，所以可在任何位置离合压。

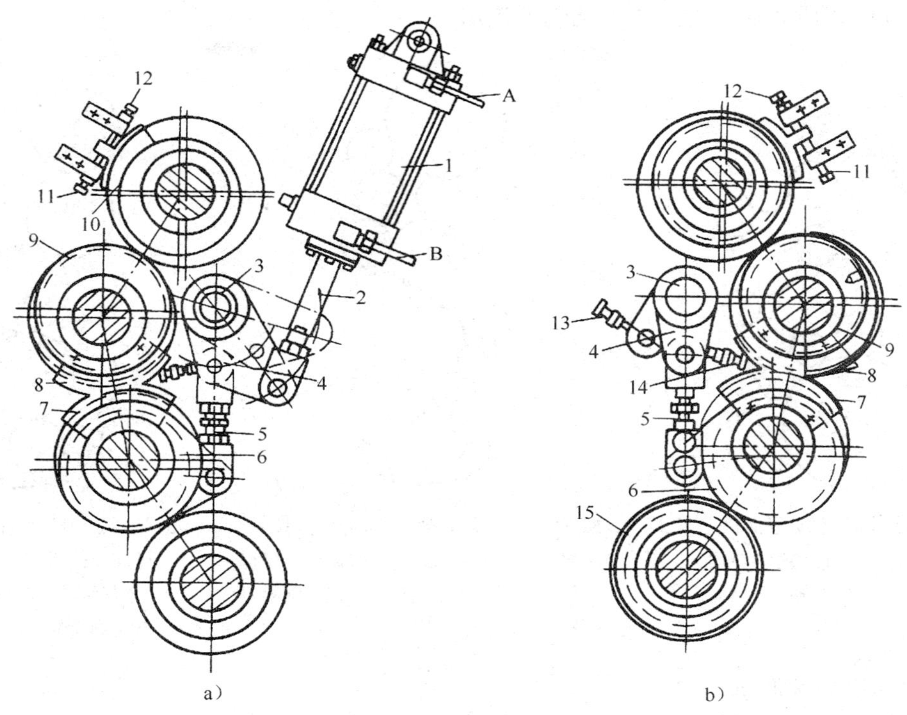

图 7—18　JJ204 型平版印刷机调压、离合压机构

1—气缸　2—活塞杆　3—轴　4—摆杆　5—双头螺杆　6—下橡皮布滚筒偏心套　7、8—扇形齿轮　9—上橡皮布滚筒偏心套　10—上印版滚筒偏心套　11、12—调节螺钉　13—离压限位螺钉　14—合压限位螺钉　15—下印版滚筒

四、输墨部件的调节

1. 输墨部件的特点

连续转动传墨辊供墨装置如图 7—19 所示，它具有如下特点。

(1) 卷筒纸平版印刷机的着墨辊数量少，只有两根着墨辊。

(2) 由于印刷速度高，墨量需求量大，故一般供墨机构采用连续供墨的方式。

(3) 墨辊数量相对较少，为了有较高的着墨系数，通常将窜墨辊和着墨辊的直径加大。

(4) 墨辊数量相对较少，墨路短，下墨速度快，墨层较厚。

2. 输墨装置的连续供墨

(1) 传墨辊连续转动供墨

传墨辊连续转动供墨用固定转动的钢辊 2 代替了摆动的传墨辊，如图 7—19 所示。

(2) 螺旋槽传墨辊供墨

如图 7—20 所示，螺旋槽传墨辊 3 与墨斗辊 2 及第一匀墨辊 4 接触，辊 3 表面有螺旋沟槽，将油墨螺旋式地传给匀墨辊。墨斗辊 2 的转速为无级调节，可根据机器转速控制油墨量大小，同时在墨斗辊 2 出墨侧加有刮墨刀 6，以调节供螺旋槽传墨辊的墨层厚度。

(3) 网纹辊供墨

如图 7—21 所示，网纹辊 3 浸在墨斗 2 中，利用刮刀 1 调节传给着墨滚筒 4 的墨层厚度，保证3向印版滚筒5传递厚度均匀的墨层。

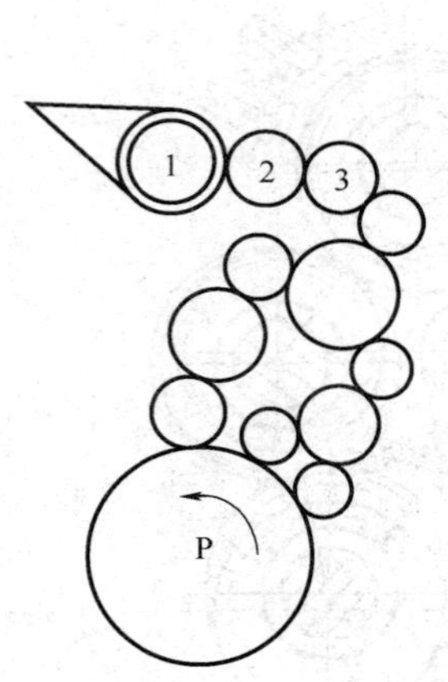

图7—19 连续转动传墨辊供墨装置
1—墨斗辊 2—传墨辊（钢辊）
3—匀墨辊

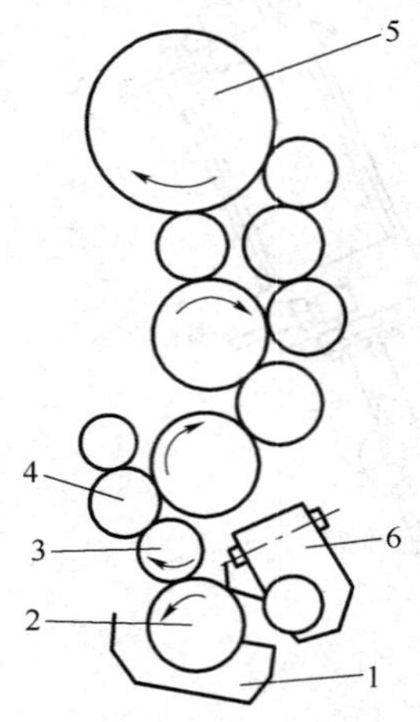

图7—20 螺旋槽传墨辊供墨装置
1—墨斗 2—墨斗辊 3—螺旋槽传墨辊
4—第一匀墨辊 5—着墨辊 6—刮墨刀

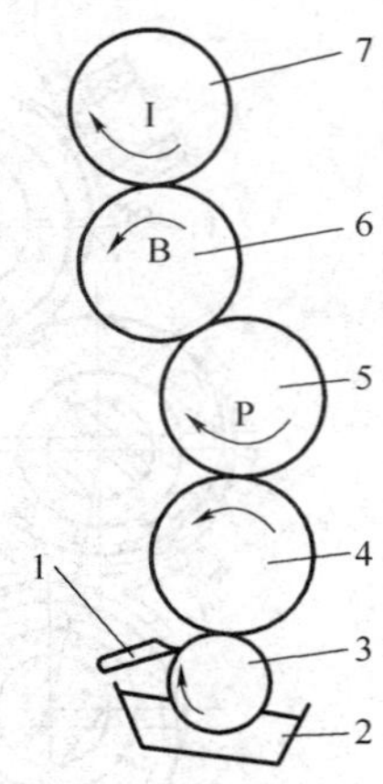

图7—21 网纹辊供墨装置
1—刮刀 2—墨斗 3—网纹辊
4—着墨滚筒 5—印版滚筒
6—橡皮布滚筒 7—压印滚筒

3. 着墨机构的调节

（1）着墨辊压力调节机构

如图7—22a所示，窜墨辊3的两端墙板内侧的轴头上套有两个偏心套2、4，摆臂5、6套在两个偏心套的外面，并用两个螺钉1把摆臂和偏心套固定，摆臂5、6的一端为着墨辊1和17的轴承座，另一端与连杆7、8相连。

1）着墨辊与窜墨辊之间的压力调节。如图7—22a所示，松开坚固螺钉16，用拨辊插入偏心套2的拨孔内，转动偏心套2改变着墨辊1与窜墨辊3的中心距，即调节二者之间的接触压力。压力调节好后，应拧紧螺钉16，使偏心套2和摆臂5没有相对转动。同理，通过调节偏心套4可实现着墨辊17与窜墨辊3之间的压力。

2）着墨辊与印版滚筒之间的压力调节。如图7—22a所示，松开夹紧螺钉9，转动调节套10改变连杆7的长度，带动摆臂5改变着墨辊1与印版滚筒之间的中心距，即可调节二者之间的接触压力。同理，转动调节套11，通过改变连杆8的长度可改变着墨辊17与印版滚筒之间的压力。

（2）着墨辊的起落机构

如图7—22b所示，气缸20的活塞杆19顶出时，推动摆杆18逆时针摆动，带动轴13上的两个偏心套14和15也逆时针转动，使连杆8下降，连杆7上升，经摆杆6、5分别使着墨辊17和1脱开印版；活塞杆19右移时，动作相反，着墨辊17和1与印版接触。

五、输水部件的调节

1. 供水机构的调节

国产卷筒纸平版印刷机水斗辊大多采用直流电机带动，配有可控硅无级调速，能方便地

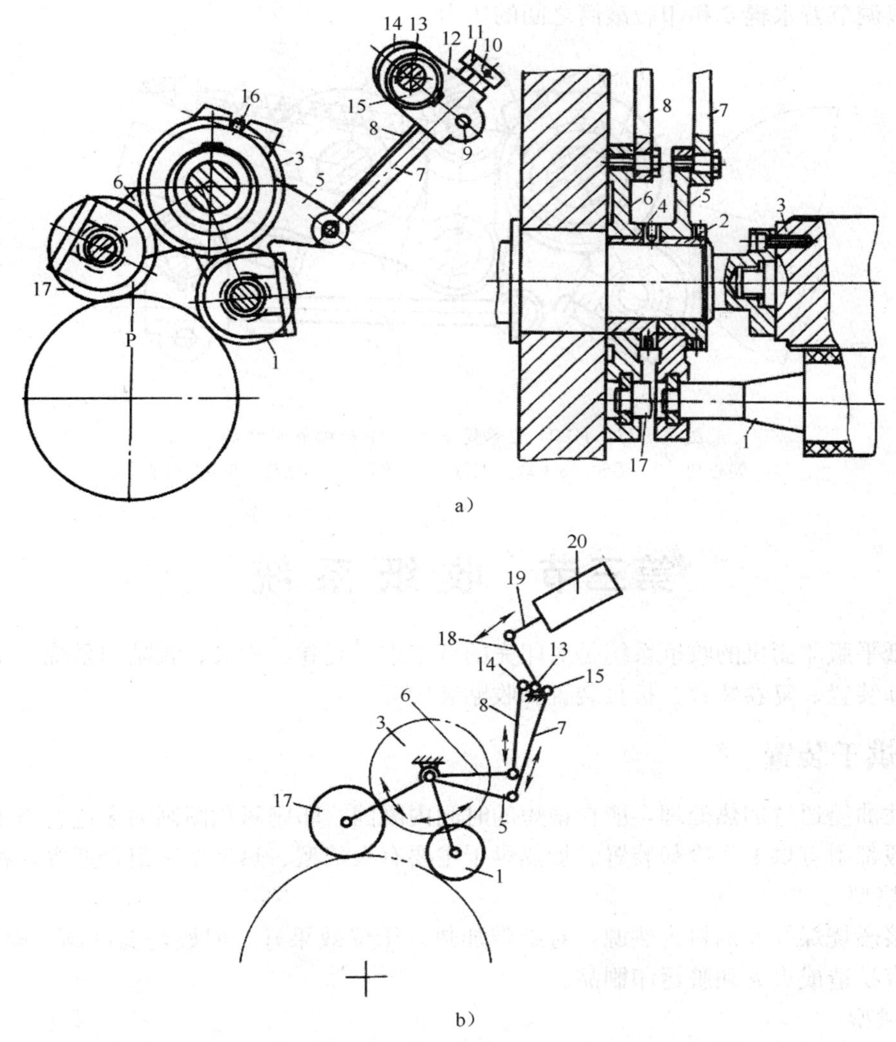

图 7—22 JJ204 型卷筒纸平版印刷机着墨辊压力调节机构与起落机构

a）着墨辊压力调节机构 b）着墨辊起落机构

1、17—着墨辊 2、4—偏心套 3—窜墨辊 5、6—摆臂 7、8—连杆 9—夹紧螺钉 10、11—调节套 12—连接片 13—轴 14、15—偏心套 16—固定螺钉 18—摆杆 19—活塞杆 20—气缸

通过电机调速旋钮，调节水斗辊的供水量；直流电机与主电机转速自动跟踪，主电机转速改变时，供水量与之适应。

2. 着水机构的调节

（1）着水辊与窜水辊之间压力的调节

如图 7—23 所示，拨动偏心套 1 可改变着水辊与窜水辊的中心距，达到调节它们之间的接触压力的目的。

（2）着水辊与印版滚筒之间压力的调节

如图 7—23 所示，松开紧固螺钉 3，转动手轮 2 改变连杆 4 的长度，使摆杆 5 绕窜水辊轴偏转，以调节着水辊 6 和印版滚筒之间的压力。

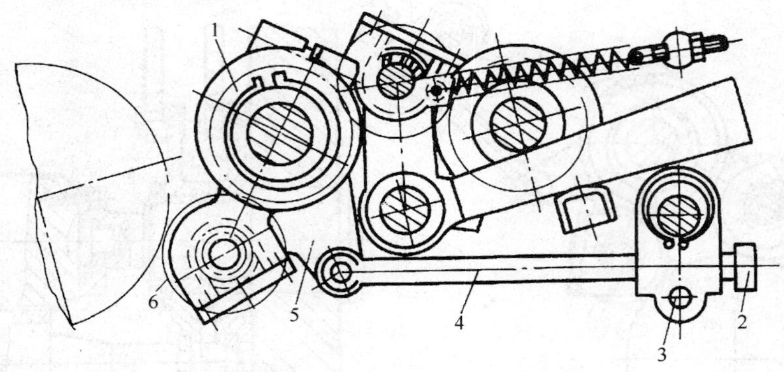

图 7—23 JJ204 型卷筒纸平版印刷机着水机构
1—偏心套 2—手轮 3—紧固螺钉 4—连杆 5—摆杆 6—着水辊

第三节 收纸系统

卷筒纸平版印刷机的收纸系统是对印完的纸带进行复卷、折页、收贴的系统，主要包括干燥与冷却装置、复卷装置、折页装置和收贴装置等。

一、烘干装置

热固性油墨通过加热处理，能在很短的时间内凝固，印刷彩色图画的多色卷筒纸平版印刷机，一般都附有烘干、冷却装置。加热烘干主要有火焰型、热风型和组合型等几种形式。

1. 火焰型

以直接燃烧煤气或油料为热源，对纸带加热，干燥效果好。但燃烧温度高，较难控制；有烟灰，容易造成火灾和脏污印刷品。

2. 热风型

热风型干燥装置如图 7—24 所示，在专门的燃烧器里燃烧煤气或油料，用来加热空气，再用鼓风机把加热后的空气输送到纸面。优点是温度较稳定，容易控制，排气的烟灰少，无火灾危险。但升高到所需要的温度费时久，成本高。

3. 组合型

组合型干燥装置如图 7—25 所示，在纸带的进口区域，燃烧气或油，作为火焰区，后面部分为热风区，最后经过冷却区，纸带输出折页。这种干燥装置将火焰型与热风型组合在一起，集中了火焰型加热快、热风型温度稳定易控制的优点。

二、冷却装置

如图 7—26 所示，冷却装置一般由 2～3 根中空的冷却辊构成，与冷却水循环系统相连，通过控制冷却水的温度来实现纸带表面的降温冷却。

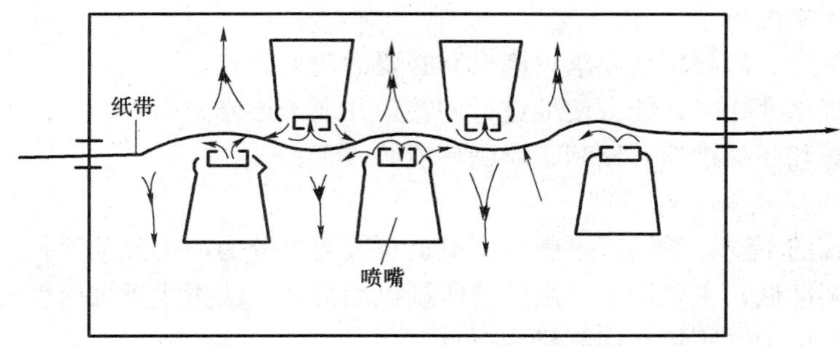

图 7—24 热风型干燥装置

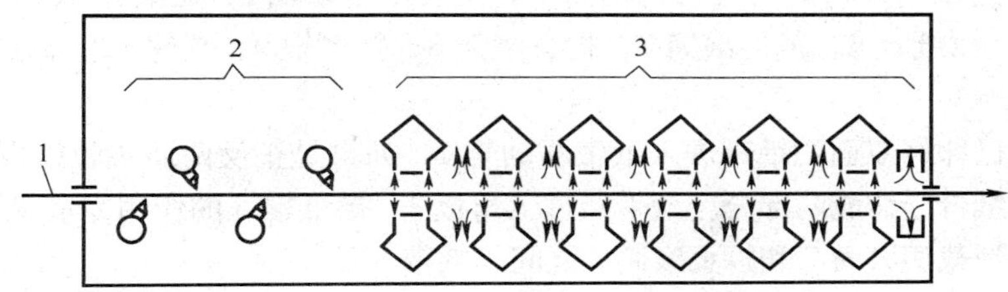

图 7—25 组合型干燥装置

1—纸带 2—火焰干燥区 3—热风干燥区

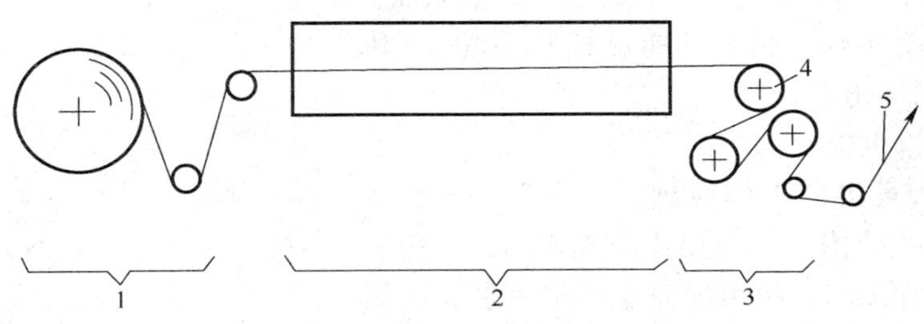

图 7—26 冷却装置

1—给纸部 2—印刷、干燥部 3—冷却部 4—中空冷却辊 5—纸带

三、复卷装置

在软包装材料印刷中，经多色印刷、干燥冷却后往往需要将印完的纸带重新复卷，这就需要设置复卷装置。

复卷装置一般与给纸系统的供纸装置配套、联动，复卷支架的摆臂数应与给纸支架相一致。

在印刷部分与复卷部分之间还应设置横向正位装置和纸带张力调整装置，以保证复卷精度。

四、折页装置

1. 折页装置的基本要求

(1) 折页装置应与印刷滚筒的转速相协调，能准确、可靠地将印完的纸带进行裁切和折叠，以得到不同规格的折贴。

（2）为保证裁切、折叠精度要求，应设有必要的调整装置。

（3）当折贴规格变化时，能方便地进行调整，并便于维修。

（4）采用减噪和隔噪措施，以利于印刷环境的改善。

2. 折页装置的结构和工作原理

根据折页方式的不同，卷筒纸平版印刷机折页装置可分为冲击式和滚折式。冲击式折页速度高，但折页精度低，主要用于报版轮转印刷机的折页；滚折式折页速度相对慢一点，但折页精度高，主要用于书版轮转印刷机的折页。

（1）冲击式折页机

如图 7—27 所示为冲击式折页机机构简图，主要由驱动辊 1、压纸轮 2、纵切刀 3、三角板 4、导纸辊 5、拉纸辊 6、裁切滚筒 7、折页滚筒 8、折页辊 9、翼轮 10、输送带 11 等机构组成。

折页原理：已印好双面的纸带进入纸带驱动辊 1，如果是正反两面 4 版的报纸，纵切刀 3 落下，沿纵向将纸带分切成两部分。纸带经过三角板 4、导纸辊 5 的作用完成纵折，再经拉纸辊 6 将纸带输送到裁切滚筒 7 和折页滚筒 8 之间。纸带在送入折页滚筒 8 时，先被其上的钢针扎住，旋转 180°，由裁切滚筒 7 和折页滚筒 8 配合完成横切成单张，同时再由折页滚筒 8 上的行星折刀与一对折页辊 9 相互配合完成横折工作。折好的折帖通过翼轮 10 传送到输送带 11 输送出去。

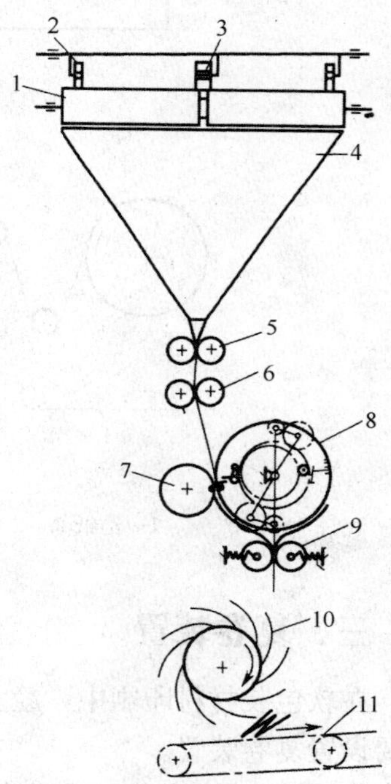

图 7—27　冲击式折页机构工作原理

1—驱动辊　2—压纸轮　3—纵切刀　4—三角板　5—导纸辊　6—拉纸辊　7—裁切滚筒　8—折页滚筒　9—折页辊　10—翼轮　11—输送带

（2）滚折式折页机

1）三滚筒折页机的工作原理。如图 7—28 所示为三滚筒折页机的结构，它主要由驱动辊 3、三角板 4、导纸辊 5、拉纸辊 6、裁切滚筒Ⅰ、第一折页滚筒Ⅱ、第二折页滚筒Ⅲ、十六开书帖折页输出系统和三十二开双联书帖输出系统等组成。

①十六开书帖折页。如图 7—28 所示，纸带经过驱动辊 3、三角板 4、导纸辊 5 及拉纸辊 6 完成纵折工作。经过纵折后的纸带被裁切滚筒Ⅰ上的钢针 8 挑住，此时其上的裁切刀 9 和第一折页滚筒Ⅱ上的刀垫 10 配合将纸带裁断。然后裁切滚筒Ⅰ转过 180°，其上的折刀 7 再与第一折页滚筒Ⅱ上的夹板 12 配合完成第一横折。夹板 12 带书帖又转过 180°与第二折页滚筒Ⅲ的叼纸牙 13（13′）相遇时交给叼纸牙 13，随着折页滚筒Ⅲ的旋转，书帖转到导纸板 15 时开牙，书帖进入输送带定位后，由折刀 16 与折辊 20 配合完成十六开书帖的折页，经输送带 18 输出。

②三十二开双联书帖折页。如图 7—28 所示，纸带经过纵折后，再经裁切滚筒Ⅰ横切和完成第一横折后（这些与十六开书帖折页相同），由第一折页滚筒Ⅱ的夹板 12 夹住书帖转过

270°时，第一折页滚筒的折刀 11 和第二折页滚Ⅲ上的夹板 14 配合完成第二横折成为三十二开双联书帖。然后由夹板 14 夹住书帖转到导纸板 17 处开牙落入翼轮 19，最后由输送带 18 输出。

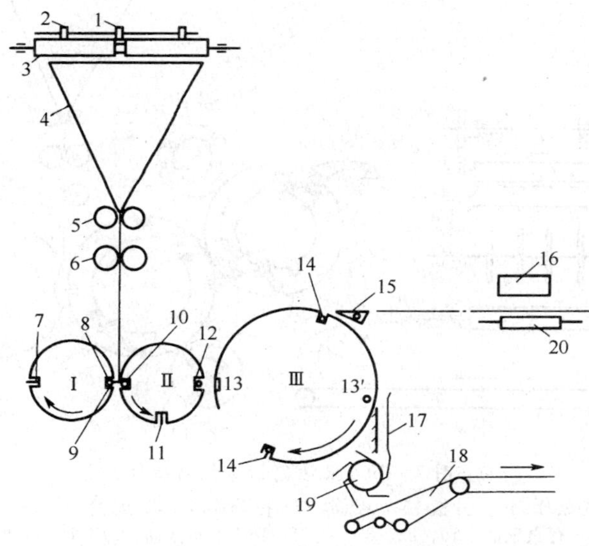

图 7—28　三滚筒折页机的结构

Ⅰ—裁切滚筒　Ⅱ—第一折页滚筒　Ⅲ—第二折页滚筒

1—圆盘刀　2—压纸轮　3—驱动辊　4—三角板　5—导纸辊　6—拉纸辊　7、11、16—折刀　8—钢针　9—裁切刀　10—刀垫　12、14—夹板　13、13′—叼纸牙　15、17—导纸板　18—输送带　19—翼轮　20—折辊

2）五滚筒折页机的工作过程。如图 7—29 所示为五滚筒折页机的结构，它主要由驱动辊 1、三角板 4、导纸辊 5、拉纸辊 6、裁切滚筒 7、传页滚筒 9、存页滚筒 12、一折滚筒 16、二折滚筒 20、十六开折页系统和书帖输出系统等组成。

①十六开单帖折页。如图 7—29 所示，纸带由压纸轮 2、驱动辊 1 作用经三角板 4、导纸辊 5 和拉纸辊 6 完成纵折（此时圆盘刀 3 抬起，有时为了纵折时容易排除空气也可用花瓣状圆盘刀沿纸带纵折线开出断续的缝隙）。然后纸带由裁切滚筒 7 上的裁切刀 8 与传页滚筒 9 上的橡皮垫相配合完成横切。横切稍前传页滚筒 9 上凸轮 11 控制下的钢针 10 挑住纸带，再由其上的折刀 15 和一折滚筒 16 上由凸轮 19 控制的夹板 17 配合进行第一横折，然后随着一折滚筒 16 的旋转，折好的书帖由导向板 31 顺滑道 24 送入翼轮 25 中，并落到输送带 26 上输出。当需要十六开套帖时，由传页滚筒 9 上的钢针 10 挑着第一张纸帖与存页滚筒 12 上的钢针 13 相遇，交给存页滚筒钢针 13。当存页滚筒转一周，与传页滚筒 9 的第二排钢针挑着的第二纸帖相遇时，存页滚筒钢针缩回，此时两帖纸重叠在传页滚筒 9 的钢针 10 上，当传页滚筒折刀 15 与一折滚筒夹板 17 相遇时，完成第一套帖的横折。输出与单帖相同。

②三十二开双联书帖折页。如图 7—29 所示，纸带经三角板 4 和导纸辊 5 后完成纵折，由拉纸辊 6 把纵折后的纸带送入到裁切滚筒 7、传页滚筒 9、一折滚筒 16 后完成第一横折，此时有二折滚筒 20 上的钩子 22 钩住纸帖，当二折滚筒上的折刀 21 与一折滚筒的夹板 18 相

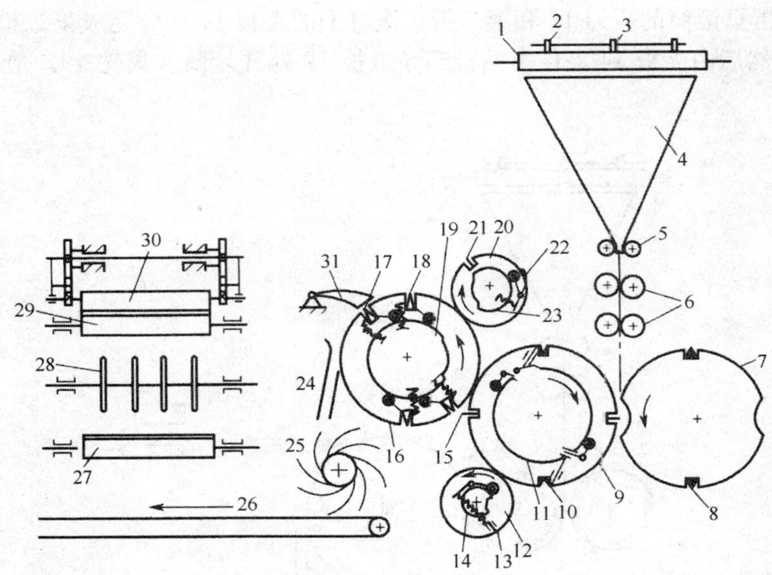

图 7—29　五滚筒折页机的结构

1—驱动辊　2—压纸轮　3—圆盘刀　4—三角板　5—导纸辊　6—拉纸辊　7—裁切滚筒　8—裁刀　9—传页滚筒　10、13—钢针　11、14、19、23—凸轮　12—存页滚筒　15、21、30—折刀　16——折滚筒　17、18—夹板　20—二折滚筒　22—钩子　24—滑道　25、28—翼轮　26、27—输送带　29—折页辊　31—导向板

遇时，完成第二横折，每一印刷循环得到两份三十二开双联书帖。折好的书帖经导向板 31、滑道 24、翼轮 25 落到输送带 26 上输出。当需要三十二开套帖时，存页滚筒 12 进行工作，当一折滚筒的钢针挑着纸帖运行，与存页滚筒的钢针 13 相遇，存页滚筒的钢针在凸轮 14 时作用下，伸出、挑住纸帖并旋转，一同在交给传页滚筒 9 上的第二排钢针、与第二排钢针上的纸帖重合在一起，配成双帖。然后双帖纸帖再经过两次横折便得到三十二开双联双层书帖。再由滑道 24、翼轮 25 落入输送带 26 上输出。

当不需要套帖时，可调整凸轮 14，使滚子与凸轮脱开，钢针 13 缩进。

3. 纵切与纵折机构的结构和调节

从冲击式折页机和滚折式折页机的工作原理可以看出，无论哪种折页方式，折页机主要是由纵切和纵折机构、横切和横折机构、纸帖输出机构等部分组成的。它们的任务是完成纸带纵切纸幅、纵折纸幅、横切纸幅成为单张。把切下的单张进行横折和纵折以及收集折好的成品。

无论是冲击式折页机还是滚折式折页机，其纵切和纵折机构都基本相同，它们是折页机的第一部分。如图 7—30 所示为纵切和纵折机构的结构，它主要由调节辊、纵切机构、三角板、导纸辊和拉纸辊等组成。纵切和纵折均是沿着纸带的运动方向进行。

(1) 调节辊

调节辊的作用是调节纸带的裁切位置。卷筒纸印刷机纸带印刷后有一部分是没有印刷图文的（主要是印刷滚筒有一个空挡）。而没有印刷的部分就是折页机的裁切位置，裁切是从这空白处将纸带裁断。裁切位置正确与否会影响横折折页，为保证正确的裁切位置，在折页机上设置有调节辊，图 7—30 中辊 10、11（调节辊）及调节手轮 8 等为手动摆动式调节辊。

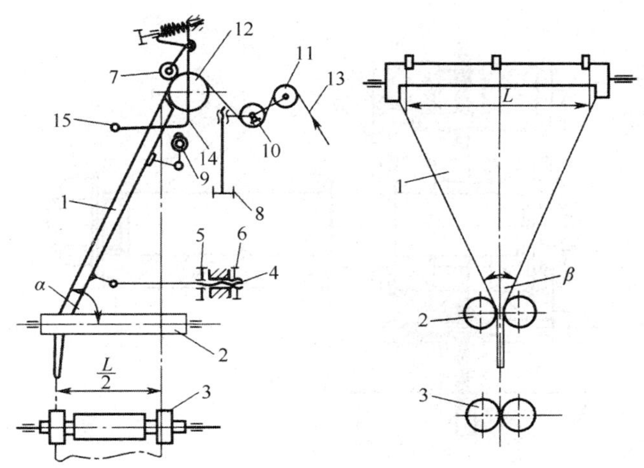

图 7—30　纵切和纵折机构

1—三角板　2—导纸辊　3—拉纸辊　4—螺杆　5、6—螺母　7—压纸轮　8—调节手轮　9—螺钉　10、11—调节辊　12—驱动辊　13—纸带　14—摆杆　15—手柄

也可采用电动摆动式调节辊。根据要求调节辊的调节量应大于裁切长度的一半。纸带在经过调节辊后进入三角板进行纵折。

（2）纵切机构

卷筒纸轮转印刷机折页机的纵切机构几乎都采用圆盘刀机构。它主要由纸带驱动（俗称收纸花辊）、压纸轮和切纸轮等组成。

1）纸带驱动辊。如图 7—30 所示，纸带驱动辊 12 是纸带引导系统的最后一根导纸轴，也是纸带进入折页机构的重要部件。驱动辊是主动辊，其动力一般来自主传动轴。驱动辊和压纸轮的共同作用把纸带送入三角板。驱动辊和压纸轮不仅要传送纸带，而且使纸带保持一定的走纸张力，驱动辊的中部设有刀槽，它与切纸轮相配合完成纸带的纵向裁切。

2）压纸轮和切纸轮。压纸轮和切纸轮的结构如图 7—31 所示。压纸轮和切纸轮一般安装在驱动辊的上方。通常，一个三角板均安装有两个压纸轮和一个切纸轮。压纸轮的作用是与驱动辊相互配合依靠摩擦力将纸带送进折页机。工作时两压纸轮的压力应一致，以便保证纸带平稳地向前输送。切纸轮的作用除了压纸外还有将纸带切成两半或在纸带中缝处起打孔的作用。

压纸轮和切纸轮的区别就在于有无刀片 4。装上刀片 4 即为切纸轮，而拆下刀片 4，就变成压纸轮。图中压纸轮架（胶圈架）3 和 6 通过螺钉 1 固定在一起，并安装在销轴 9 上。为保证压纸轮转动灵活，压纸轮架与销轴之间安装有滚动轴承 7，压纸轮架上还装有胶圈 2，胶圈 2 在工作时对纸带驱动辊 11 有适当的压力，以保证纸带能平稳地向前输送。需要说明的是切纸轮可以是被动的（在切薄纸时），它由纸带和驱动辊带动。而在纵切厚纸带（特别是切多层重叠纸带）时，因容易搓皱纸边，不能保证切口的光整，故有时采用强制驱动的切纸轮。

切纸刀片按使用要求分为圆刀片和花轮刀片两种。圆刀片用于将纸带纵向切开；而花轮

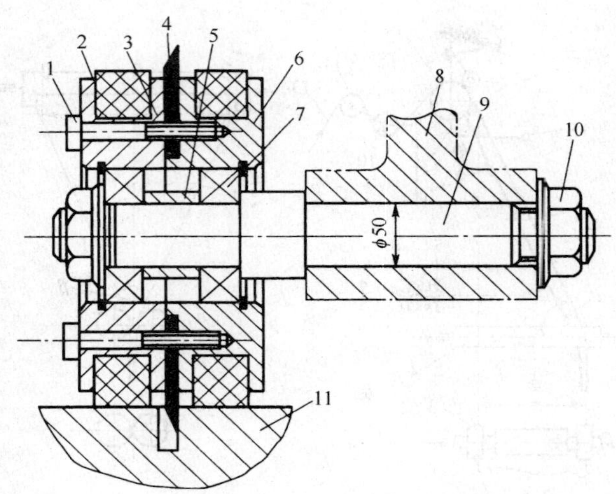

图 7—31　压纸轮和切纸轮的结构
1—螺钉　2—胶圈　3、6—压纸轮架　4—刀片　5—套筒　7—轴承　8—固定架
9—销轴　10—螺母　11—驱动辊

刀片在圆周上开有等距离的45°缺口，它的用途是在折厚纸而纸带不需要切成两半时，为帮助纵折，排除八字皱，在纸带中缝处打出一排长形的孔，这样在纵折时有利于空气的排出，提高纵折的准确性和平整度。

无论哪种刀片，均要求刀刃锋利，这样才能保证切口光滑。这与刀尖角有关，一般情况下刀尖角越小越锋利，但磨损快，使用寿命太短；而刀尖角大了就不太锋利，通常刀尖角取12°～20°较合适。另外，要求切纸刀的表面速度比纸带速度大10%左右，所以切纸刀片的直径约为压纸轮直径的1.1倍。

3）压纸轮和切纸轮对纸带驱动辊压力的调节。在纸带运动过程中，驱动辊和压纸轮之间的适当压力是保证走纸张力、切口光滑或纵折准确的重要条件。为调整每个压纸轮或切纸轮和驱动辊间的压力，每个压纸轮和切纸轮都有一个独立的调节机构，如图7—32所示。

调整架6和轴4固定，而压纸轮架13空套在轴4上。工作时，由于手柄杆2的控制，轴4不能转动，当转动手柄12使压缩弹簧8压缩时，压纸轮和切纸轮抬起，这样它们对驱动辊的压力就减小。若相反转动手柄12时，在弹簧8的作用下，压纸轮和切纸轮向下运动，这样就加大了它们与驱动辊的压力。

在穿纸过程中，必须将压纸轮和切纸轮全部抬起。调节方法是将手柄15（见图7—30）向上抬起，把手柄杆2（见图7—32）上的定位销插入墙板上的非工作位置孔，则连杆3向右摆动，带动轴4顺时针转动一个角度。轴4带动调整架6向右摆动，通过螺杆9使压纸轮架13向上抬起，这样两个压纸轮和切纸轮全部同时抬起，离开驱动辊。

（3）纵折机构

纵折机构是由三角板、导纸辊和拉纸辊组成，它的作用是完成纸带的纵向折叠，也就是书帖的第一折，纵折后的纸带宽度为卷筒纸宽度的二分之一。下面就机构的有关具体结构给予介绍。

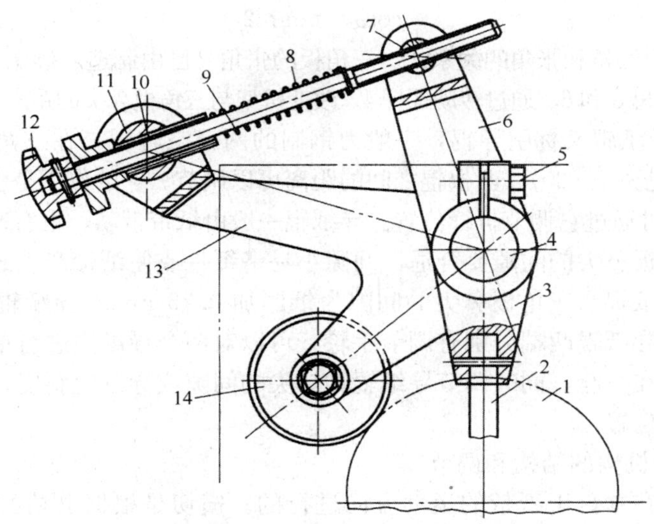

图 7—32　压纸轮和切纸轮调节机构

1—驱动辊　2—手柄杆　3—连杆　4、7、11—轴　5—螺钉　6—调整架　8—弹簧　9—螺杆
10—螺套　12—手柄　13—压纸轮架　14—压纸轮或切纸轮

1）折页三角板。三角板也称成型板，它是纸带完成第一纵折的主要机件，也是在纸带被切成两半幅进行折页时起导向作用的机件。三角板的种类很多，具体有以下几种。

①整体型三角板。这种三角板就是用铸铁材料铸成一个整体，经过加工而成，也可以用钢板加工而成，它的特点是结构简单。

②可调型三角板。它是把三角板分成两半，由两半拼接而成。它的特点是三角板的张角 β 可以调节（见图 7—30）。

③组合式三角板。这种三角板的两侧面为圆柱体或圆锥体和一个钢板焊接，并用螺钉连接而成，也有的三角板两边的圆柱体或圆锥体不和中间的钢板连接在一起，而采用可自转的圆锥体。这种三角板使用较少。

④框架式三角板。这种三角板只有一个三角框，而没有中间的一块三角板。

⑤气垫式三角板。在三角板鼻尖及其两侧钻有许多小孔，通上压缩空气，即形成气垫将纸带托起，以减少纸带和三角板的摩擦，这样可防止印品上的图文蹭脏和减少静电的产生。

目前在卷筒纸轮转印刷机上主要采用整体型三角板、可调型三角板和气垫式三角板，而对于印刷高级印刷品的商业用卷筒纸轮转印刷机则使用气垫式三角板。

无论哪种三角板均要求其表面光洁，而且三角板为等腰三角形，以保证折页顺利进行。

如图 7—30 所示，三角板 1 的反面固定在支架上，通过螺钉 9、螺杆 4 和螺母 5、6，可调节三角板的位置和仰角 α。

纵折的准确性与三角板的仰角 α 有关，仰角是三角板平面与导纸辊轴线之间的夹角，仰角过大，也就是三角板倾斜度大，这样会使鼻尖处纸带过松，折缝处容易产生皱褶；仰角过小，折缝处易撕裂。

仰角 α 的大小取决于三角板张角 β 的大小。两者之间的关系为：

$$\cos\alpha = \tan\beta/2$$

上式即为三角板仰角和张角的关系式。三角板的张角 β 已由制造厂确定，使用时只要调节仰角 α，即松开锁紧螺母 5 和 6，通过转动螺杆 4，改变机架与三角板鼻尖的距离，以达到调节的目的。

2）导纸辊。导纸辊又称引导辊，一般为钢制的两根空转辊，在三角板鼻尖两边各安装有一根导纸辊 2（见图 7—30），两根辊之间的距离可以调节。它的作用是引导纸带并辅助三角板进行纵折，同时可通过它调节折缝位置。导纸辊一般由纸带带动，也有通过齿轮来驱动的。

导纸辊与三角板鼻尖的间隙要合适，间隙小易卡纸带或使纸带产生皱褶；间隙太大则起不到导纸作用。导纸辊与三角板鼻尖的间隙为纸厚加 0.25 mm。导纸辊的调节因机器不同而不同。一般每个导纸辊两端分别有调节手轮，可以对两个导纸辊进行单独调节。也有的机器将两根导纸辊连在一起，同时调节导纸辊和鼻尖的间隙或导纸辊斜度。调节导纸辊斜度可微量改变纸带折缝位置。

4. 横切与横折机构的结构和调节

横切和横折是在垂直于纸带的运动方向进行的。横切是根据书帖的裁切长度将纸带切断，然后根据书刊开数和成帖方式由横折机构完成第二折或第三折。

（1）横切机构

卷筒纸轮转印刷机的横切纸带是由裁切滚筒来完成。但由于折页机分为冲击式折页、三滚筒折页、五滚筒折页等不同形式，裁切滚筒的结构与所完成的功能也不同。如图 7—27 所示的冲击式折页机中，裁切滚筒 7 只安装一把裁刀；如图 7—28 所示的三滚筒折页机中裁刀滚筒上安装有两把裁刀及一排钢针；如图 7—29 所示的五滚筒折页机中裁切滚筒 7 只安装了两把裁刀。下面以三滚筒折页为例介绍它们的结构。

三滚筒式滚筒折页机的裁切滚筒两端有轴承支撑，在传动面轴头上装有传动齿轮，如图 7—33 所示。

裁切滚筒的作用是与一折滚筒配合完成纸带的横切和第一横折，将印好的纸带折成八开页子，交给一折滚筒。它主要由裁切刀机构、钢针机构（又称扎针机构）和折刀机构组成，如图 7—33 所示。

1）裁纸刀机构。裁纸刀机构主要由刀座 4、弹簧 5、裁刀夹 6 和裁刀 7 等组成，如图 7—33b 所示。它的主要作用是将纸带裁断。裁刀固定在刀座 4 上，刀座分为两半，用螺钉紧固，把裁刀夹在其中，这样裁刀就有一个固定的位置。正常情况下裁刀应高出裁切滚筒外圆 3.5 mm，裁刀不锋利时可略高些。裁刀滚筒两侧有用夹布胶木组成的裁刀夹，主要作用是在裁刀裁断纸带时，将纸带压在一折滚筒的刀垫上，便于裁断纸带；另外，它还可以起到保护裁刀的作用。为了在整个纸带上都能把纸带压牢，两边的裁刀夹一般做成 2～3 段。在裁刀夹的下面有弹簧 5，它的作用是不工作把刀夹顶在外边高出滚筒外圆 2 mm，在裁纸时由一折滚筒的刀垫把裁刀夹压回，在弹簧 5 的作用下，可牢牢地把纸带压在刀垫上。

如果裁刀用旧或裁刀不锋利时，可将裁刀略调高，调节的方法是，拆下刀座，松开夹紧裁刀的螺钉，然后转动调节裁刀高低的螺钉，调节高度合适后，拧紧刀座夹紧螺钉，将刀座装入滚筒，并给予固定。

2）钢针机构。钢针机构主要由钢针 8、钢针杆 9 及其导向套、摆杆 10、摆杆 19、滚轮 2、弹簧 17、弹簧杆 18 以及凸轮 3 等组成，如图 7—33 所示，它的作用是在纸带裁切的同时

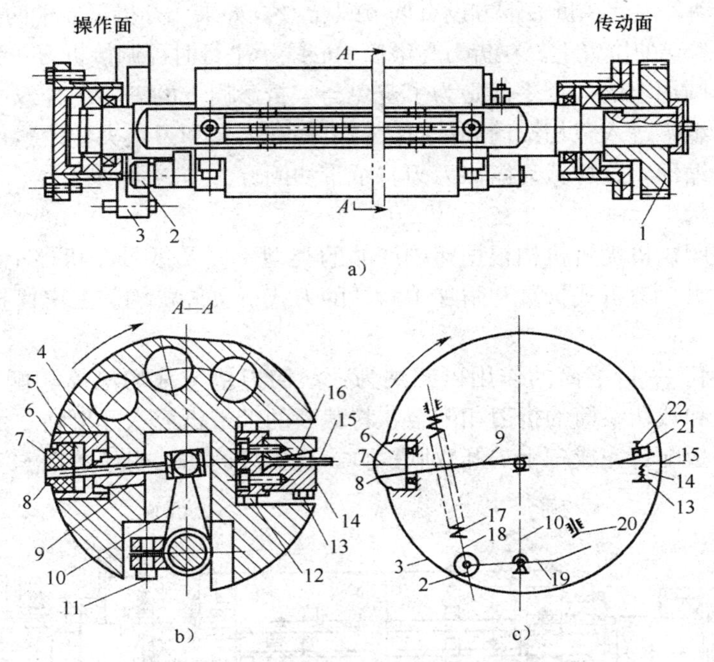

图 7—33　三滚筒折页机裁切滚筒

1—齿轮　2—滚轮　3—凸轮　4—刀座　5、17、21—弹簧　6—裁刀夹　7—裁刀　8—钢针　9—钢针杆　10、19—摆杆　11、22—螺钉　12—调节螺栓　13—螺母　14—折页夹　15—折刀　16—折刀夹　18—弹簧杆　20—定位螺钉

挑住后面的纸带，使纸带包卷在裁刀滚筒表面继续传送。

钢针 8 位于刀夹内，装在钢针杆 9 上。钢针杆的导向座内嵌入摆杆 10 的圆柱体，摆杆 10 用螺钉 11 固定在轴上，轴端装有摆杆 19、滚轮 2 和弹簧 17，钢针的伸缩动作由固定凸轮 3 控制，当滚子 2 进入凸轮时，钢针缩回，离开凸轮时，在弹簧 17 的作用下，钢针伸出，扎进纸带。在正常情况下，钢针工作状态应高出裁切滚筒外圆 7 mm，非工作时（即缩回时）应略低于裁刀夹外表面，以保护钢针。如果钢针高低不一，可通过螺钉 11 进行调节。假如整排钢针伸出时的高度不符合上述要求，可调节定位螺钉 20 的高低，在工作过程中钢针的缩回时间必须保证，否则会影响折页的精度。缩回时间的调节可通过改变凸轮的周向位置进行。钢针缩回过早，会使纸带失去控制，造成折页不准；而缩回过迟，会使针孔撕破。对裁纸刀来说，钢针的伸出时间应略早于裁纸刀断纸时间。

3）折刀机构。如图 7—33 所示，它由调节螺栓 12、折页夹 14 和折刀夹 16、弹簧 21、折刀 15 等组成。折刀的作用是配合一折滚筒夹板完成八开折页。

折刀由调节螺栓 12 固定在折页夹 14 和折刀夹 16 中间，在正常情况下，折刀高出裁切滚筒外圆 1 mm。折刀和一折滚筒的夹板配合，完成八开折页时有一个进入和退出一折滚筒夹板的过程，在折刀进入夹板时，折刀应距夹板的固定夹板 2 mm。另外，在折页过程中，折刀将发生变形，为保证折页后，折刀能及时回到原来的位置，因此在折页夹 14 和折刀夹 16 之间安装有弹簧 21，它套在螺钉上，这个螺钉穿过折刀夹 16、折刀 15，拧在折页夹 14 上，用螺母 13 锁紧，防止螺钉松开。为保证折八开折帖时折缝位置及折缝不歪，要求折刀应能整体地在滚筒上移动，因此在折刀下方设有调节螺栓 12。如果八开折页要求两个边相等，则将折刀调在和裁刀成 180°的位置上。在折刀与滚筒中心线不平行时可调接折刀一头的定位螺栓。

裁刀滚筒体圆周上的一个平面是为了避免与一折滚筒上的三十二开双联折刀相碰。

当裁切时，纸带进入裁切滚筒和一折滚筒之间被刀夹和刀垫夹住绷紧，此时钢针挑住纸带，刀夹压弹簧缩回，这样裁刀露出刀刃将纸带切断。

（2）横折机构

卷筒纸平版印刷机横折机构根据印刷产品的类型不同及纸带在机器上的折页方式不同，可分为冲击式折页、滚折式折页和附加十六开的刀式折页等机构。三滚筒折页机构采用滚折式折页机构。

1）一折滚筒。一折滚筒的作用可归纳为：滚筒刀垫与裁切滚筒相配合，将纸带切断；通过滚筒的夹板和裁切滚筒的折刀相配合，将裁断的纸带折成八开折帖；由一折滚筒的折刀和二折滚筒的夹板配合完成三十二开双联折页。一折滚筒的结构如图 7—34 所示。

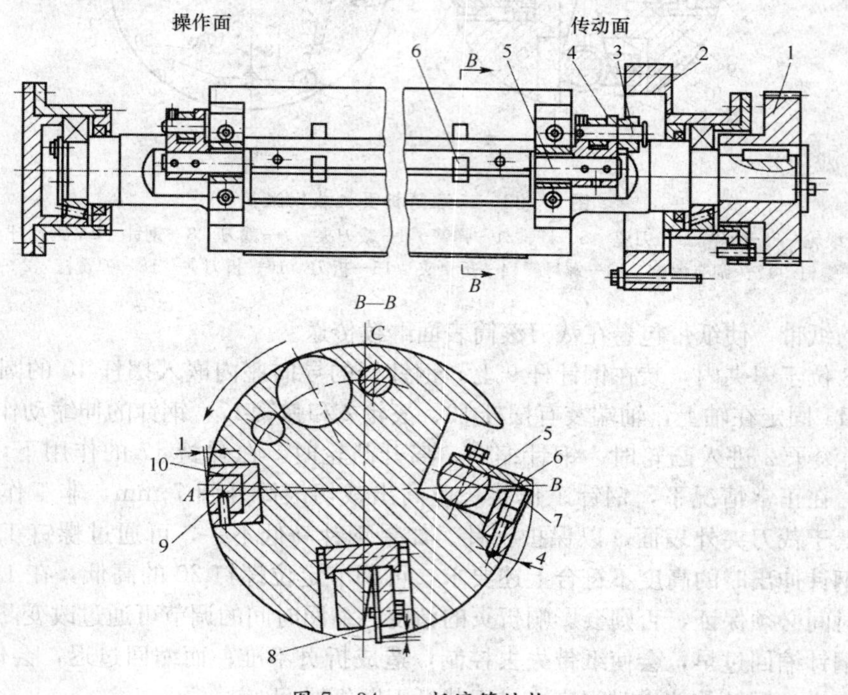

图 7—34　一折滚筒结构

1—齿轮　2—凸轮　3—滚子　4—摆杆　5—夹板轴　6—夹板　7—固定夹板　8—折刀　9—刀垫　10—刀垫体

滚筒折刀的结构和使用要求与裁切滚筒折刀完全相同，这里不再重复。

刀垫 9 为一正方形橡皮条，高出滚筒体表面约 1 mm，其用螺钉固定在刀垫体 10 内。

滚筒的夹板高出滚筒体表面 4 mm，它主要由夹板轴 5、夹板 6、固定夹板 7 和凸轮 2 等组成。

夹板 6 用螺钉固定在夹板轴 5 上，轴的两头分别装有摆杆 4，摆杆 4 与套有弹簧的撑杆相连接。右边摆杆销轴上安装有滚子 3，在滚筒的转动过程中，通过滚子 3 与凸轮 2 的接触，利用凸轮 2 的内曲线来控制夹板 6 的开闭运动。当裁切滚筒折刀把纸带推入夹板时，夹板 6 闭合，将纸带压紧在固定夹板 7 上，完成第二折，随着滚筒的转动，夹住纸带继续传送，直到裁切刀将纸带裁断时，便成为八开折帖。夹板 6 的开闭时间可通道调节凸轮 2 的位置来进行调整。

由于十六开和三十二开双联书帖的第三折折页机构不同，因此一折滚筒夹板 6 有两个传纸位置：印刷十六开书刊时，夹板在图 7—34 剖视图 $B—B$ 中 B 处张开，将八开书帖交给二折滚筒的叼纸牙，传送给十六开折页机构。印刷八开书刊时，则由输送带直接输出，夹板在 A 处闭合，在 B 处张开，一折滚筒旋转约 180°。如果要折三十二开双联时，一折滚筒的折刀在 B 处与二折滚筒的夹板配合，将八开书帖折成三十二开双联，即进行第三折，那么夹板 6 应在 C 处张开。从 A 处转到 C 处，一折滚筒要转约 270°，两者相差 90°，因此，用一个凸轮来控制夹板 6 的开闭是不能完成这两项工作的，所以要备有两个凸轮，以便在折不同折帖时使用不同的凸轮。

2）二折滚筒。二折滚筒的作用有：一是与一折滚筒配合完成三十二开双联折帖的折页，并传送到输出机构；二是二折滚筒的叼纸牙接取一折滚筒夹板交出的八开书帖传送给十六开折页机构，或将八开书帖传送到输出机构。二折滚筒的结构如图 7—35 所示。

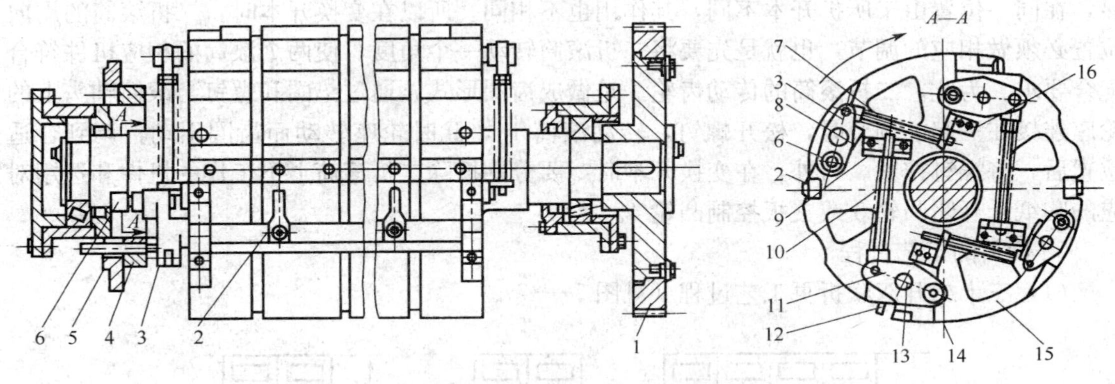

图 7—35　二折滚筒的结构

1—齿轮　2—叼纸牙　3—摆杆　4—双联凸轮　5—叼纸牙凸轮　6、14—滚子　7、10—弹簧　8—叼纸牙轴　9—支座　11—连杆　12—夹板　13—夹板轴　15—二折滚筒　16—支架

二折滚筒主要由夹板机构和叼纸牙机构组成。二折滚筒的直径是一折滚筒的两倍，所以二折滚筒上装有两个夹板机构和两排叼纸牙，两个夹板和两排叼牙之间分别相差 180°。

二折滚筒的夹板机构和一折滚筒的夹板机构完全相同，故这里也不再重复叙述。

二折滚筒的叼纸牙机构如图 7—36 所示。牙垫 2 安装在夹板 1 上，其表面低于滚筒表面 4 mm，为使牙垫有一定的弹性，用以保证叼纸牙叼住书帖时稳定可靠，故在其下面装有弹簧 3。叼纸牙 4 的工作面压有花纹，以增加摩擦力。每个叼纸牙用螺钉固定在叼纸牙轴 5 上，叼纸牙轴受凸轮连杆控制。如图 7—35 所示，在左面的轴头上装有摆杆 3，一端的销轴上装有滚子 6，另一端的销轴与套有弹簧 7 的撑杆相连接。滚子 6 在弹簧 7 的作用下始终按凸轮 5 的外曲线运动，当滚子 6 运动到凸轮 5 的高点处时叼纸牙张开；而运动到凸轮低点处时叼纸牙在弹簧 7 的作用下闭合叼住书帖。叼纸牙的开闭时间可通过调节凸轮 5 的位置来进行调整。

如图 7—35 所示，二折滚筒夹板的开闭由凸轮 4 控制，滚子 14 在弹簧 10 的作用下，始

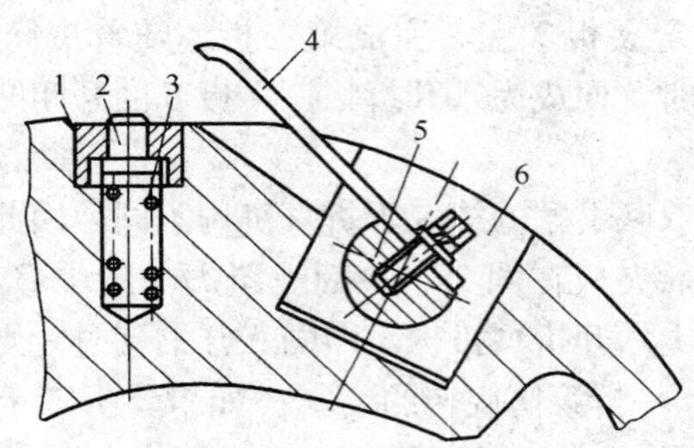

图 7—36　二折滚筒的叼纸牙机构

1—夹板　2—牙垫　3—弹簧　4—叼纸牙　5—叼纸牙轴　6—支架

终靠着凸轮 4 运动，通过凸轮的高低点使夹板轴 13 摆动，从而带动夹板 12 的开闭。

从二折滚筒叼纸牙和夹板的作用可知，在印刷八开、十六开书刊时，二折滚筒叼纸牙和一折滚筒的夹板在两个滚筒的水平中心线位置进行书帖的交接。如果要折三十二开双联时，二折滚筒的夹板和一折滚筒的折刀相互配合，在这个位置将折帖折成三十二开双联。很明显，在同一位置由于所折开本不同，其作用也不相同。所以在变换开本时，二折滚筒的周向位置必须做相应的调节，也就是先要将二折滚筒转动一个角度，使两个滚筒的相应机件符合配合要求。为此，二折滚筒的传动齿轮 1 是做成齿圈形式，通过垫圈和螺钉与滚筒轴头上的轮座连接在一起。调节时，松开螺钉，转动滚筒 15，此时轮座转动而齿圈不动，调到合适位置后，将螺钉拧紧。另外，在变换开本时，要分别拆除二折滚筒上不工作的机件和选用对应的叼纸牙开闭凸轮 5 或夹板控制凸轮 4。

5. 折页的工艺过程

(1) 三十二开双联折页工艺过程（见图 7—37）

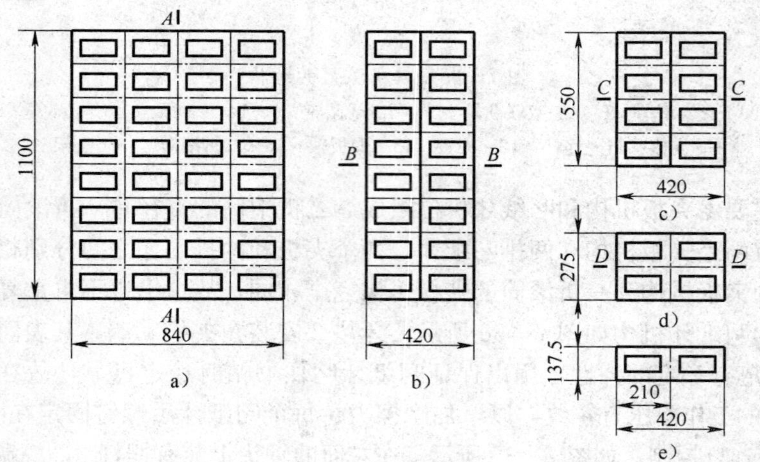

图 7—37　三十二开双联折页工艺过程

1) 印刷后，宽度为 840 mm 的纸带由纵折装置沿图中的 A—A 折线折页并逐渐压平折缝，完成第一折纵折，将纸带折成 420 mm 宽的幅面。

2) 纸带送入裁切滚筒和第一折页滚筒之间进行裁切和折页，形成 550 mm×420 mm

折贴。

3）通过裁切滚筒、第一折页滚筒、输出滚筒、第二折页滚筒将折贴沿 C—C 线、D—D 线折成幅面为 420 mm×137.5 mm 的三十二开双联折贴。

4）最后再折成 210 mm×137.5 mm 幅面（即三十二开）的折贴。

（2）十六开折页工艺过程（见图 7—38）

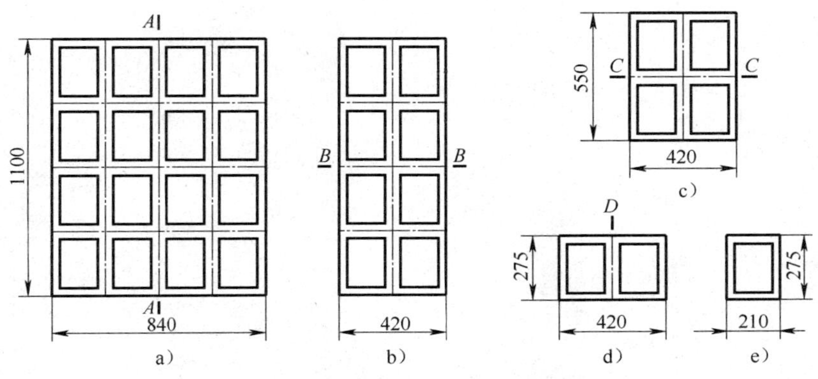

图 7—38　十六开折页工艺过程

1）纸带经折页三角板、裁切滚筒、第一折页滚筒和输出滚筒沿 A—A 折线、B—B 折线和 C—C 折线被裁切成 420 mm×275 mm 幅面的折贴。

2）不经过第二折页滚筒而由挑针将纸贴送到输送带上，然后由行星折切刀进行冲折，使折贴沿图示 D—D 线折成幅面为 210 mm×275 mm 的十六开书贴，由十六开书贴输出装置输出并进行堆积，如图 7—38 所示。

五、收贴装置

收贴装置是卷筒纸平版印刷机上收集折贴的装置。对于书刊印刷机而言，一般有两组收贴装置，即三十二开收贴装置和十六开收贴装置，其作用是对书贴进行计数、收集、输出并堆积。

1. 收贴装置的组成

收贴装置一般由叶片轮、计数机构、输送线带及其传动装置等组成。

2. 收贴过程

叶片轮将折好的折贴接收（每个叶片接收一个折贴），并按一定方向放在输送带上，由输送带将折贴运送到下一工序。

思考练习题

1. 卷筒纸纸卷张力控制机构有什么作用？一般都有哪些张力控制方式？
2. 张力自控系统由哪些机件组成？工作原理是怎样的？
3. 浮动辊和调整辊有什么作用？两者调节有什么不同？
4. 简述跟踪式自动接纸装置的工作过程。
5. 卷筒纸机的滚筒部件有什么特点？

6. 卷筒纸机的输墨部件有什么特点？
7. 简述单贴折页的三十二开和十六开的折页工艺过程。
8. 简述冲击式折页机构的工作过程。
9. 简述三滚筒滚折式折页机构十六开书贴折页的工作过程。
10. 简述三滚筒滚折式折页机构三十二开双联书贴折页的工作过程。